마흔 스타일링,
우아하고 세련되게

스타일은 나의 명함이다,
마텔라 스타일링북

서로빈 지음

MATTELLA

포르체

마흔 스타일링,
우아하고 세련되게

패션은 말 없는 나의 명함이다

낯선 사람을 처음 만나는 자리에서 우리는 제일 먼저 어떤 행동을 할까? 비즈니스 미팅이나 사적 모임 등 상황에 따라 다르겠지만 우선 인사와 함께 자기소개를 할 것이다. 필요하다면 명함을 교환하여 빠르게 서로의 역할과 직위 등 기본적인 정보를 파악할 수도 있다. 하지만 그보다 더 앞선 단계가 하나 있다. 서로를 대면하자마자 상대방의 첫인상을 보고 어떤 사람인지 추측하며 판단하는 단계다. 물론 단순히 외양만 보고 상대의 정보를 습득하는 것은 매우 단편적이고 주관적이다. 그럼에도 우리는 새로운 사람을 만났을 때 자연스럽게 그 사람의 첫인상을 느끼고 어떤 사람일지 어렴풋이 추측하게 된다. 이때 첫인상을 결정하는 것은 사실 외모 자체가 아니라 전반적인 이미지다. 그 사람의 스타일링은 단순히 패션 감각을 보여 주는 것이 아니다. 각자가 살아온 세월과 현재의 삶, 가치관, 취향이 모두 그 안에 담긴다.

　면접을 보러 갈 때 최대한 단정한 옷을 입은 채 머리를 정돈하고, 소개팅을 하러 갈 때 상대에게 매력적으로 보일 수 있도록 내 장점을 부각하는 옷을 차려입는다. 쇼핑한 옷을 환불하러 갈 때는 기가 밀리지 않도록 최대한 세 보이는 화장을 하고 옷을 입어야 한다는 우스갯소리도 한다. 아직 우리가 서로를 잘 모르는 단계에서 내가 입은 옷, 화장, 액세서리 등의 스타일이 나를 보여 주는 '명함'이 되기 때문이다.

어떤 사람이 선택한 옷은 타인이 그 사람을 바라보는 이미지에 반드시 크고 작은 영향을 준다. 그래서 50조 원의 사업가로 유명한 댄 페냐는 "성공하려면 옷부터 제대로 입어라."라고 말하기도 했다. 특히 40대부터 어느 정도 사회적인 위치를 고려할 필요도 있고, 아이를 키우는 학부모들이 많다 보니 더욱 신경을 쓰게 된다. 패션은 단순히 옷 입는 것을 넘어 사람과의 긴밀한 소통을 바탕으로 더 풍족한 삶을 만들어 주는 열쇠이기도 하다.

우리 어머니는 내가 어릴 적에 패션 디자이너로 의상실을 경영하셨다. 나는 의상실에 딸린 집에서 자랐고, 옷감 창고에서 인형 옷을 만들며 패션에 눈을 떴다. 어머니가 내 의상을 직접 제작해 주셨고, 사람들의 칭찬과 긍정적인 호응을 얻으며 예쁘고 좋은 옷을 향한 관심을 자연스레 가지게 되었다. 친구들이 집에 놀러 오면 집에 있는 의류와 소품으로 멋지게 꾸며 주는 놀이도 즐겨 했다.

본격적으로 스타일리스트 일을 하며 많은 브랜드를 섭렵하고 남에게 옷을 입혀 보는 경험이 늘어났고, 사람의 전반적인 이미지를 보는 감이 더 예민해졌다. 자신의 이미지를 충분히 살리지 못하거나 스타일링 때문에 그 사람 본연의 장점이 가려지는 경우를 보면 안타까운 마음도 든다. 더 많은 사람이 자신의 이미지를 가꿀 수 있도록 내가 가진 다양한 팁을 전하고 싶었다. 그렇게 SNS를 시작했다. 우려와 다르게 많은 사람의 호응을 얻었고 생각보다 스타일링을 어렵거나 생소하게 여기는 사람이 많다는 걸 느꼈다. 스타일리스트 시절보다, 내가 가진 재능을 더 많은 사람에게 전할 수 있는 지금이 더욱 보람 있고 행복하다.

이 책에서는 자신이 원하는 이미지를 쉽게 찾을 수 있도록 중년의 이상적인 스타일링 방법을 차근차근 소개한다. 사람마다 체형이나 이미지가 달라 조금씩 차이는 있겠지만, 여기에서 소개하는 고급스러운 중년 스타일링은 누구에게나 충분히 잘 어울릴 것이다. 기본적으로 스타일을 정립하고 나면 조금씩 변형하여 자신만의 이미지를 살리는 각자의 스타일을 만들어 갈 수 있다.
  한 번쯤 중년의 워너비는 어떤 모습인지 상상해 본 적이 있다면, 이제 그 모습을 자신의 현재 모습으로 만들어 보기를 바란다. 타고난 외모는 크게 바꿀 수 없지만, 패션 스타일링으로 외형을 꾸미고 기품 있는 이미지를 만들어 내는 건 누구에게나, 얼마든지 가능하다.

목차

1부

이미지는
스타일링으로 완성된다

우리는 모두 다른 톤과 이미지를 가지고 있다

일반인도 연예인처럼 보일 수 있을까

영화나 드라마 속 첫 장면에 한 여성이 등장한다. 화려하지만 고급스러워 보이는 정장, 또각또각 소리를 내는 높은 힐에 명품 가방을 든 그녀는 윤기 나는 머리카락을 휘날리며 자신감 있는 걸음걸이로 출근한다. 장면의 배경이 고층 회사 건물 입구라면 우리는 그녀가 이 작품의 주인공이자, 회사의 CEO거나 최소한 그에 준한 직위를 가졌으리라고 추측할 수 있다. 설령 아직 대사 한 마디 내뱉지 않았더라도 말이다.

배우들은 작품 속 배역에 따라 다양한 캐릭터를 소화해야 한다. 역할에 빙의한 것처럼 자연스러운 연기를 선보이는 것도 중요하지만, 매번 그 배역에 어울리는 새로운 이미지를 만드는 것은 바로 스타일링의 역할이다. 후줄근한 옷을 입은 양반집 마당쇠가 준엄한 왕의 대사를 한다면 어울릴까? 단정한 정장을 차려입은 신입사원 같은 모습으로 뒷골목 폭력배처럼 행동한다면 어떨까? 이를 납득할 수 있는 캐릭터의 서사가 부재하다면 아무리 연기를 잘해도 보는 사람들은 이질감을 느끼게 될 것이다.

이렇듯 배우에게 작품과 어울리는 이미지를 만들어 주는 사람이 바로 스타일리스트다. 나는 30대에 다소 뒤늦게 스타일리스트 일을 시작했다. 어릴 때부터 친구들에게 옷을 입혀 꾸며 주는 걸 좋아했던 내가 스타일리스트로 일하며 가장 크게 느낀 점은 스타일에 따라 한 사람의 이미지는 얼마든지 바뀔 수 있다는 점이다. 스타일리스트의 역할은 연예인을 그저 예쁘고 멋지게 꾸며 주는 것이 전부가 아니다. 우리가 어떤 연예인을 보고 사랑스럽거나 세련되고 지적이라고 느끼는 이미지의 요소는 그 사람 본연이 가진 매력뿐 아니라 스타일링에도 있다.

스타일링은 그 사람의 이미지를 만든다. 배우가 촬영을 할 때 스타일리스트가 하는 일은 그 배우에게 어울리는 스타일이 아니라, 그 배역에 어울리는 스타일을 만드는 것이다. 배역이 부잣집 아들인지, 부드러운 모범생인지, 철없는 동네 백수인지에 따라 연기와 함께 의상도 달라져야 한다. 분명히 같은 배우인데도 어떤 작품에서 어떤 모습으로 만나느냐에 따라 그 사람 자체가 전혀 달라 보이기도 한다.

내가 현직에서 일할 때 함께했던 배우 남궁민 씨의 경우, 기존의 단정한 이미지에서 세련되고 힙한 느낌으로 스타일링을 바꾸며 이미지 변신에 성공했다. 착한 교회 오빠의 느낌이 아니라 거침없는 악역에도 잘 어울리는 매력이 재발견된 것이다. 이전까지의 스타일링에서 그런 이미지가 잘 상상되지 않았는데, 스타일 변신과 함께 완전히 새로운 면모를 성공적으로 선보이게 된 케이스다.

반면에 황당하면서도 웃지 못할 에피소드를 들은 적이 있다.

어떤 사람이 식당에서 나오며 발렛 직원으로 보이는 사람에게 자연스레 자동차 키를 건넸는데 "저 발렛 아닌데요!"라는 대꾸가 돌아왔다고 한다. 그 말에 무심코 고개를 들고 얼굴을 쳐다봤더니 대한민국 사람이라면 누구나 알 만한 유명 남자 배우였다는 것이다. 스크린에서 강렬한 아우라를 뿜어내며 큰 인상을 남기는 배우조차 패딩 점퍼를 입고 멀뚱히 서 있으면 발렛 직원으로 오해받는 일이 생긴다.

연예인들은 대부분 나이에 비해 젊어 보인다. 특히나 여성 배우들은 늘 관리를 받는 듯한 우아한 분위기를 풍기는 사람이 많다. 하지만 실제로 배우들 중에서 자신에게 맞는 스타일을 잘 몰라 공적인 자리와 사적인 자리에서의 패션 간극이 꽤 큰 경우도 적지 않다. 하물며 늘 꾸미는 게 직업인 연예인들도 그렇다면 일반인들은 더욱 자신에게 어울리는 스타일을 찾는 데 어려움을 느낄 수 있다. 스타일링의 원리를 알기만 하면 연예인처럼 보이는 이미지 스타일링이 얼마든지 가능하다. 배우의 스타일이 작품과 캐릭터마다 달라지듯이 스타일링은 그 사람의 이미지를 연출해 내는 방법이다. 그러니 누구든 각자가 추구하는 대로 이미지를 새롭게 만들 수 있다. 우선 내가 사람들에게 어떤 이미지로 보이기를 원하는지 정하기만 하면 된다. 즉, 우리 모두가 자기 자신의 스타일리스트가 되는 것이다.

스타일링의 시작은
내 이미지를 결정하는 것

우리가 어떤 사람을 처음 만났을 때, 아직 대화를 나누기 전이라면 그 사람의 외형만 보고 자연스레 첫인상을 판단하게 된다. 이때 상대방의 패션 센스를 하나씩 뜯어보며 '옷을 정말 잘 입었다', '저 스커트에 저 신발은 잘 어울린다'라고 일일이 생각하는 사람은 많지 않을 것이다. 대신 상대방을 보자마자 마치 사진 찍듯 전체적인 느낌을 각인하게 되고, '저 사람 세련됐다', '고급스러운 느낌을 풍긴다'라는 이미지로 첫인상을 받아들이게 된다.

패션은 타인에게 보이는 나의 이미지를 결정짓는 중요한 요소다. 우리가 옷을 입는 이유는 가장 일차원적인 신체 보호의 이유를 제외하면 기본적으로 다른 사람을 의식하는 행위이자, 사람 간의 의사소통이기도 하다. 그래서 모임을 나가거나 비즈니스를 할 때 어떤 의상을 갖춰 입느냐에 따라 그 자리에서 나를 대하는 분위기가 완전히 달라지기도 한다. 즉 스타일링은 사람들을 만날 때 나의 이미지 메이킹에 큰 영향을 주기 때문에, 기본적인 TPO를 갖추면서도 나의 장점을 최대로 어필할 수 있다면 커다란 매력이자 무기가 될 수 있다.

좋은 스타일링이라는 것은 단순히 옷을 잘 입거나 패션 센스가 좋다는 의미보다 내가 원하는 나의 이미지를 만들기 위해 부지런히 고민하고 결정하는 과정에 가깝다. 물론 사람마다 분명히 타고난 이미지는 있다. 그 타고난 이미지를 긍정적으로 강화하는 스타일링을 했을 때 그 사람의 매력이 가장 극적으로 도드라지기 마련이다. 하지만 나는 타고난 이미지를 부각시킬 수 있는 방법을 참고하되, 자신이 보여 주고 싶은 이미지에 중점을 두어 그에 맞는 스타일링을 하는 편을 추천한다. 이목구비, 퍼스널 컬러, 체형 등 이미 타고난 요소에 맞춰 어울리는 스타일을 찾아 매력을 강조하면 풍부한 스타일링을 할 수 있을 것이다. 하지만 자신의 취향에 따라 각자가 추구하는 스타일이 다를 수 있다. 스타일링을 할 때 이 점이 매우 중요하게 작용한다.

특히 중년의 나이는 자신의 사회적 위치에 따라 보여 주고 싶은 이미지가 달라질 수 있는 시기다. 발랄한 이미지를 타고났지만 카리스마를 보여 줘야 하는 지위에 있다면 그에 맞는 스타일링을 해 자신의 이미지를 구축하면 된다. 스타일링에 정답은 없다. 설령 전문가라고 한들 타고난 조건에 따라 어떤 스타일링을 '해야 한다'는 답을 내려 주는 것이 아니라 어울리는 스타일을 추천할 뿐이고, 개인이 원하는 이미지와 스타일링은 자신이 판단할 몫이다.

나의 경우 어릴 때부터 귀엽고 발랄한 옷보다 차분하고 세련된 옷을 더 좋아했다. 어머니가 운영하시던 의상실은 고급스러운 스타일을 추구했는데, 나에게도 비슷한 유형의 옷을 많이 만들어 주셨다. 어릴 때 사진을 보면 아이들이 입는 샤드레스도 아니고 어른들이 입는 에이치라인의 발목까지 오는 롱드레스를 입었다. 다행히 나의 타고난 이미지와 잘 맞아떨어지는 스타일이라 성인이 된 지금도 여전히 성숙하고 우아한 이미지를 추구한다.

스타일링에 앞서 잊지 말아야 할 것은, 패션은 나의 이미지를 구축하는 토대를 만든다는 것이다. 룩을 구성하기 전에 전반적인 이미지를 결정한다는 점에서 가장 중요하다. 우리가 요리할 때 한식, 중식, 일식 등의 카테고리를 정하고 메뉴를 선정하듯이, 옷을 고를 때도 이미지에 맞는 옷의 종류가 있기에 내가 비추고 싶은 이미지를 먼저 정해야 한다. 고급스러운 이미지를 추구하면서 펑키한 옷을 입는 것은 고급 레스토랑에서 자장면을 주문하는 것이나 마찬가지다.

자신이 사람들에게 어떤 이미지로 보이는지 진지하게 생각해 볼 기회가 많지 않지만, 막상 거울을 들여다보고 생각해 보면 자신이 원하는 모습을 금방 찾을 수 있을 것이다. 누구나 지금껏 살아온 삶의 흔적이 각자의 얼굴, 몸짓, 이미지에 묻어나기 마련이다. 누구 하나 아름답지 않은 삶이 없으니, 우리는 삶의 궤적을 패션에 우아하게 담아내기만 하면 된다.

중년의 스타일링은
기품이 느껴져야 한다

한 살씩 나이를 먹으며 어느덧 책임감이 늘고, 삶에 무게감이 깊어
진다. 취향이나 스타일에서도 삶의 모습이 묻어나기 마련이다. 특
히 여성들은 결혼과 출산을 하는 30~40대 무렵에 스타일이나 가
치관에 큰 변화를 겪는 듯하다. 또 이때쯤 사회에서 중요한 직위를
맡게 되는 경우가 많아, 어릴 때부터 쭉 고수했던 스타일의 변화를
고민을 하는 사람도 많다.

　만약 30대 이후까지 여러 스타일의 룩을 찾아 유랑하고 있거
나 기존에 즐겨 입던 패션에서 변화를 추구한다면, 40대에 접어드
는 시기부터 고급스럽고 우아하게 중년의 멋을 드러내는 스타일링
을 시도해 보기를 추천한다. 중년에는 나이에 맞는 분위기와 고급
스러운 이미지로 오히려 어릴 때 연출할 수 없었던 분위기를 표현
할 수 있다. 이때부터는 개성만 중시하기보다 우아하고 중후한 아
우라가 드러나는 스타일이 어떤 자리에서나 어울리고 매력적으로
보인다. 물론 프린팅이 큰 티셔츠나 미니 스커트 같은 젊은 스타일
이 개성이 될 수 있지만, 특별히 고집하는 스타일링이나 가치관이
있는 게 아니라면 자칫 애매한 이미지로 보일 수 있다. 학부모 모

임이 있는 날 맨투맨에 청바지를 입고 운동화 신고 가는 모습이 자신이 그 자리에서 드러내고자 하는 이미지와 걸맞는지 생각해 볼 필요가 있다. 물론 젊은 아이템도 멋스럽게 코디하면 센스 있어 보이지만, 자칫하면 어려 보이는 게 아니라 제대로 된 명함을 준비하지 못한 것처럼 보일 수 있다.

　나이가 들면서 자연스럽게 얼굴도, 분위기도 조금씩 바뀌는데 굳이 어려 보이는 룩을 고집할 필요가 있을까? 중년에는 30대에 입었던 옷 스타일을 50~60대까지 이질감 없이 입을 수 있는지 한 번쯤 스타일을 정립해 볼 필요가 있다. 50~60대 이후로 내다봤을 때 누군가 나를 보면 우아하고 멋진 여성으로 인식할 수 있을까? 먼 미래에 우아하고 고급스러운 이미지로 보이기를 원한다면 조금씩 스타일의 체계를 바꿔 볼 타이밍이다. 어려 보이려고 노력하거나 이것저것 더해져 과한 스타일링보다 베이직하고 클래식한 스타일링을 시도해 보는 것이다.

　나는 중년의 패션에서 어떤 이미지를 추구하든 기품과 분위기가 느껴져야 한다고 생각한다. 그렇기에 스타일링을 할 때 나이대에 걸맞은 우아함과 고급스러움을 담아내는 것을 추천한다. 러블리한 이미지를 가진 사람이라도 마냥 러블리한 옷보다 중년에 어울리는 기품 있는 컬러와 디자인을 만나면 한층 멋스러워 보인다. 이를테면 상의로 자켓을 걸치더라도 크롭한 디자인은 피하고, 하의로 짧은 바지보다 긴 바지나 롱스커트 한 장을 입어 한층 우아한 분위기를 연출하는 것이다.

내가 추구하는 '마텔라 스타일'은 어렵고 비싸거나, 개성이 강하고 난해해서 일반인이 범접할 수 없는 스타일이 아니다. 나이 들면 고급스러운 이미지로 보이고 싶다고 생각하는 젊은 여성들의 워너비이면서도 누구나 따라할 수 있는 스타일이다. 무르익은 분위기를 가진 중년의 시기에 어울리는 우아함과 성숙함을 보여 주는 것이 바로 '마텔라 스타일'이 추구하는 이미지다.

오랫동안 유지할 수 있는 고급스러운 스타일링을 정립해 두면 나만의 스타일에 체계가 생기고 삶은 생각 이상으로 간편해진다. 내가 만들고자 하는 이미지가 정립되었을 때 생각보다 삶의 많은 부분이 같이 정립되고, 고민거리나 생각할 문제가 줄어든다는 걸 경험할 수 있을 것이다.

패션은 시간이 지나면 뒤처지지만
스타일링은 영원하다

최근에 유튜브를 시작한 연예인 최화정 씨는 잘 어울리는 빨간색 체크 셔츠를 입고 등장해 벌써 몇십 년 전에 구매한 옷을 여전히 입는다고 소개했다. 직접 말하지 않았으면 아무도 그렇게 오래된 옷이라고 생각하지 못했을 것이다. 오래전부터 시간이 지나도 유행을 타서 버려지지 않는 자신만의 스타일을 정립했다는 의미이기도 하다.

"패션은 시간이 지나면 뒤처지지만 스타일링은 영원하다."

입생로랑 전시에 갔다가 내 마음에 큰 울림을 준 문구다. 평소 막연하게 느꼈던 점을 콕 집어 주어 더욱 크게 와 닿았다.

패션은 유행에 따라 바뀌고, 유행이 지나면 진부해 보일 수 있다. 하지만 나만의 스타일을 갖추는 것은 다르다. 내게 어울리는 스타일을 정립하고 나면 어떤 시기, 어떤 장소에서든 뒤처지거나 촌스러워 보이지 않고 꾸준히 지속할 수 있다. 5~10년 전에 입었던 옷을 오늘 다시 그대로 입고 나가도 이질적으로 보이지 않는 것이다. 나만의 스타일 체계를 갖춘다는 건 곧 고유한 이미지를 가진 나만의 브랜드를 만드는 일이라고 할 수 있다.

에르메스, 샤넬, 입생로랑 등 명품 브랜드의 가치도 그렇게 만들어진다. 각 브랜드는 유행에 따르는 것이 아니라 고유의 스타일을 갖는다. 어떤 시기의 트렌드나 그 해의 상징이 되는 컬러를 참고할 수 있지만, 대부분 그 브랜드의 상징이 되는 색상이나 디자인을 꾸준히 고수한다. 그 자체가 유행을 타지 않는 브랜드의 정체성이 되기 때문이다. 입생로랑 전시에서 이브 생 로랑이 브랜드를 만들기까지의 역사를 살펴볼 수 있었는데, 그는 16살 때부터 그림 공부를 하면서 스케치를 시작했다고 한다. 커다란 종이 인형을 만들어 잡지 사진을 잘라 붙이기도 했다는데, 그때부터 이미 패션을 일종의 예술 작품처럼 여기며 다뤘던 듯하다. 매 시즌마다 다양한 경험이나 여행으로 영감을 얻어 쇼를 준비하고, 그렇게 만든 디자인을 자신 있게 사람들에게 선보인다. 설령 잘 팔리는 디자인이 아니라고 해도 자신이 표현하고 싶은 예술을 패션으로 구현해 내는 것이다.

전시회에는 40여 년 전부터 해 온 오래된 디자인이 쭉 전시되었는데, 지금 보기에 기술적으로 엉성한 부분이 있는데도 멋스럽고 세련된 작품들이 많았다. 패션은 유행에 의해 뒤처지고 지나갈 수 있지만 스타일은 영원하다는 말의 의미를 충분히 느낄 수 있었다.

어떤 브랜드가 가진 고유의 스타일이 없다면 그건 패션이나 스타일링의 영역이라고 할 수 없을 것이다. 세상에 정말 많은 패션 브랜드가 있지만, 나도 나와 같은 스타일링을 추구하는 사람들을 위한 고유의 스타일을 보여 주고 싶다는 책임감을 느낀다. 유행을 따라가는 패션이 아니라 중년의 고급스러운 이미지를 표현할 수 있는 자신만의 스타일을 찾는다면 10년, 20년 후에도 여전히 아름답고 우아한 자신의 모습을 자연스럽게 만들 수 있을 것이다. 누구나 자신이 추구하는 스타일을 연출할 수 있다. 스타일은 우리의 이미지를 표현해 주는 고유의 방식이며, 결코 유행을 타거나 사라지지 않는다.

나에게 어울리는 이미지 스타일링 가이드

얼굴에 형광등이 켜지는
퍼스널 컬러

퍼스널 컬러는 개개인에게 가장 잘 어울리는 색을 진단하여 계절 감이 묻어나는 색으로 유형을 나눈 것이다. 퍼스널 컬러를 잘 알고 활용하면 자신의 강점을 강화하고 단점을 약화할 수 있는 효과가 있다. 그래서 요즘에는 전문가를 찾아가 진단을 받거나 셀프로 진단해 보는 사람이 많아졌다. 자신의 퍼스널 컬러를 찾다 보면 자신이 기존에 어울리는 색과 반대 속성의 색을 추구했다는 사실을 알게 되는 경우가 많다. 내가 좋아하는 색상과 나에게 어울리는 색상은 다를 수 있기 때문이다. 이왕이면 나를 돋보이게 하는 퍼스널 컬러를 잘 활용해 훨씬 더 풍부한 매력을 선보일 수 있을 것이다.

나의 20대 무렵은 지금처럼 퍼스널 컬러가 잘 알려지지 않았던 시절이라서, 내가 좋아하는 분홍색이나 하늘색 계열의 파스텔 색상 옷을 많이 입었다. 그렇게 다양한 옷을 입어 보는 경험이 쌓이며 자연스레 나에게 어울리는 색상을 체득하게 됐다. 옷 스타일은 과거와 지금이 크게 다르지 않은데, 머리색이나 옷 색깔만 바꾸어도 훨씬 나 자신이 매력적으로 돋보일 수 있다는 것을 깨달았다. 쇼핑할 때 나에게 어울리는 색상을 빠르게 고를 수 있어 에너지를 효율적으로 쓸 수 있다는 점도 장점이다.

퍼스널 컬러를 잘 활용하면 얼굴에 형광등이 켜진 것처럼 생기가 돈다. 간단하게 매력을 살릴 수 있는 방법인 데다 팔자 주름, 다크서클, 잡티까지 완화되어 보이는 효과가 있으니 알아 두면 더욱 수월하게 스타일링할 수 있다. 어울리는 컬러를 찾는 건 스타일링의 첫 단계이기도 하다. 아무리 어울리는 디자인의 옷을 입어도 색상이 어울리지 않으면 내게 딱 맞는 이미지를 형성하지 못한다.

퍼스널 컬러는 크게 웜톤과 쿨톤으로 나뉘고, 그 안에서 또 사계절로 구분된다. 퍼스널 컬러를 세부적으로 알기 위해 전문가를 찾는 게 가장 좋은 방법이다. 전문가라고 해도 오진 가능성이 큰 분야이기 때문에 후기를 잘 찾아보는 것을 권한다. 집에서 직접 진단해 알고자 한다면 크게 웜톤인지 쿨톤인지는 쉽게 알 수 있다. 다만 퍼스널 컬러를 자가 진단해 보기 어렵게 느껴지는 사람은 얼굴에 여러 특징이 섞였을 가능성이 높다.

봄 웜톤

봄 웜톤은 화사하면서 부드러운 느낌을 주는 퍼스널 컬러다. 따뜻한 노란 베이스의 피부톤이 특징이라서 검은색보다 부드러운 갈색 염색모가 잘 어울리고, 밝고 선명한 색상의 옷을 선택하면 좋다. 보통 밝고 귀여운 이미지가 봄 웜톤과 잘 어울린다. 쉬운 이해를 돕기 위해 유명 연예인을 예로 들면 송혜교, 한지민, 아이유, 윤아, 유인나 등이 봄 웜톤의 이미지다.

헤어 컬러

내추럴 브라운, 초코 브라운, 밀크 브라운 계열의 컬러는 봄 웜톤,
가을 웜톤에 모두 잘 어울린다.

메이크업 컬러

다른 톤에 촌스러울 수 있는 그린, 스카이블루 아이섀도우도 봄 웜
톤의 눈두덩이에 올라가면 싱그러워 보인다. 채도 높은 색상의 아
이섀도우는 봄 웜톤의 전유물이나 다름없으니 마음껏 사용해 보자.
립 컬러는 선명하고 맑으며 은은한 것이 어울린다. 선명한 레드나
핑크 립을 사용하면 화사하고 또렷한 인상을 준다. 은은한 코랄 립
도 우아한 느낌을 내는 데 제격이다. 립글로스나 리퀴드 틴트를 이
용해 투명한 입술을 표현하는 것도 본연의 발랄함을 더해 준다.

패션

고명도, 고채도를 기억하자. 무채색보다 다채로운 색상이 훨씬 잘
어울리고, 그중에서도 화이트 색상이 한 방울 들어간 파스텔 컬러
와 매치했을 때 얼굴과 눈빛에 생기가 올라온다. 밝고 뚜렷한 빨
강, 아쿠아, 파스텔 핑크, 연두, 코랄, 옐로우 색상 등을 활용해 보
자. 반면 짙은 브라운이나 짙은 퍼플, 무채색인 그레이, 블랙 등의
색상은 얼굴빛이 어두워 보여서 피하는 게 좋다. 대신 이런 색상은

아우터나 하의, 가방 등으로 매치하면 된다.

여름 쿨톤

여름 쿨톤은 눈동자에 부드러운 애쉬 느낌이 감돌면서, 피부가 얇고 붉은기를 가진 경우가 많다. 그래서 짙은 저명도나 대비감이 큰 스타일링보다 밝은 고명도와 깔끔하고 심플한 스타일링을 추천한다. 청순하고 우아하며 세련되고 깨끗한 인상을 준다. 연예인으로 김태리, 손예진, 김고은, 전지현, 김연아, 이영애 등이 여름 쿨톤의 이미지다.

헤어 컬러

본연의 헤어 컬러가 베스트지만 염색한다면 소프트블랙, 쿨브라운, 초코브라운 등의 자연스러운 컬러를 추천한다. 블랙으로 염색할 때 오징어 먹물처럼 진한 블랙이 아니라 부드러운 소프트 블랙이나 애쉬 블랙이 어울린다.

메이크업 컬러

피부 본연의 광을 살린 베이스와 은은한 색감의 자연스러움이 포인트다. 메이크업이 진하거나 색상이 강하게 들어가면 선명해 보일 수 있어도 립 컬러만 부각되고 나이 들어 보일 수 있으니 주의하는 것이 좋다. 더불어 진한 스모키 메이크업은 잘 어울리지 않는다.

무난히 걸칠 수 있는 색깔 중에서도 라이트 그레이, 인디고 블루, 그레이시 블루 등 차가운 느낌의 컬러를 기본으로 사용하면 좋다. 그레이를 베이스로, 연하고 부드러우면서 채도 낮고 흐린 컬러가 잘 어울린다. 워스트 컬러는 채도가 아주 높거나 어두운 컬러이다. 예를 들면 주황색, 진브라운, 블랙, 강렬한 레드 등이 있다.

가을 웜톤

우아하면서 섹시한 이미지를 느낄 수 있는 가을 웜톤이다. 가을 웜톤은 뮤트톤과 딥톤으로 나뉘는데 뮤트톤은 부드럽고 우아한 느낌이, 딥톤은 화려하고 고혹적인 느낌이 나는 것이 특징이다. 연예인으로 이효리, 제니, 신세경, 신민아, 한예슬, 이성경 등이 가을 웜톤의 이미지다.

헤어 컬러

뮤트 타입은 전체적으로 연회색빛이 감도는 채도 낮은 컬러가 잘 어울리고, 딥 타입은 파스텔 톤의 컬러보다 채도 높은 원색에 검정색이 섞인 그윽한 느낌의 컬러가 어울린다. 나는 주로 다크 브라운에 애쉬를 반사 빛으로 넣어 즐기는 편이다.

메이크업

음영 메이크업을 추천한다. 부드러운 피치, 코랄 색상부터 어두운 다크 브라운까지 다양한 색의 아이섀도우 활용이 가능하다. 특히 눈두덩이에 음영을 주면 클래식하고 그윽한 느낌을 자아낼 수 있다. 카키, 레디쉬 브라운, 오렌지 브라운 등의 색상을 활용하면 좋다. 크고 반짝이는 골드 펄을 잘 소화하기 때문에 화려한 자리에서 더한다면 더욱 돋보일 수 있다.

패션

실버보다 골드 액세서리가 잘 어울리고, 오렌지와 브라운 계열 등의 컬러가 잘 받는다. 채도가 옅거나 차분하고 톤 다운된 컬러, 차가운 느낌보다 따뜻하고 포근한 느낌의 딥한 컬러가 어울린다. 뮤트톤은 베이지나 카키가 어울리며, 딥톤은 어둡고 레오파드 같은 무늬를 추천한다. 반면 지나치게 선명하거나 밝은색을 가진 스타일링 요소가 있다면 아우터, 하의, 신발, 가방 등으로 활용하는 것이 좋다.

겨울 쿨톤

독보적인 카리스마를 뿜내는 겨울 쿨톤은 눈처럼 새하얀 피부톤뿐 아니라 짙은 구릿빛 피부톤을 가진 경우도 있다. 모발과 눈동자의 색이 짙거나 검정색을 띠어 눈동자의 경우 흰자와 동공 테두리가 명확히 나뉘어 보이는 것이 특징이다. 모던하고 심플하며 현대적인 이미지가 기본으로 있고, 다소 차갑고 시크한 이미지로 보이기도 한다. 연예인으로 한소희, 김혜수, 현아, 김옥빈, 이하늬 등이 겨울 쿨톤의 이미지다.

헤어 컬러

타고난 헤어 컬러가 어두운 편에 속하기 때문에 탈색을 하거나 밝은색으로 염색하기보다 채도가 낮고 어두운 블루 블랙이나 바이올렛 브라운 같은 계열이 잘 어울린다.

메이크업 컬러

보랏빛이 도는 버건디나 네이비는 다른 톤이 쉽게 소화하기 어려운 색감이지만 겨울 쿨톤 메이크업에는 매우 잘 어울린다. 색감을 은은하게 표현하기보다 쌍커풀 라인에만 드러나더라도 색이 확실히 표현되도록 바르는 것이 좋다. 컬러 렌즈를 사용할 때는 브라운 계열보다 그레이나 네이비 색상이 잘 어울린다. 너무 짙은 블랙 컬러는 부자연스러울 수 있으니 렌즈의 선이 선명히 있되 직경이 작은 렌즈를 추천한다.

패션

활용할 수 있는 컬러 팔레트가 다소 적은 편이지만 아시아인에게 보기 드문 톤인 만큼 퍼스널 컬러를 잘 이용해 코디하면 더욱 돋보일 수 있다. 비비드한 컬러를 활용한 고채도나 버건디, 블루, 퍼플처럼 어둡고 진하며 깊이감 있는 컬러들도 잘 어울린다. 블랙과 화이트로 대비를 줘도 좋은데, 화이트는 순백색의 퓨어 화이트를 활용하자. 올 블랙이나 올 화이트에 레드립을 활용하여 확실한 대비를 주는 것도 좋다. 다만 오렌지, 옐로우 같은 따뜻한 웜톤이나 형광색은 피하는 것을 권한다.

쿨톤
- 샤넬
- 돌체앤가바나
- 크리스찬 디올
- 입생로랑
- 지방시
- 프라다

웜톤
- 에르메스
- 브루넬로 쿠치넬리
- 구찌
- 막스마라
- 로로피아나

쇼핑백 컬러만 보아도 브랜드가 추구하는 색깔과 방향성을 알 수 있다. 샤넬과 입생로랑은 블랙 화이트 톤으로 쿨한 분위기를 가졌고, 에르메스와 로로피아나는 오렌지와 브라운의 따뜻한 톤으로 자연 친화적 컬러들을 지향한다.

타고난 이목구비에 따라
어울리는 스타일이 있다

이미지를 스타일링할 때 컬러 다음으로 중요하게 알아 둬야 하는 것은 자신의 이목구비다. 사람마다 타고난 이목구비가 있다. 그것을 살려 스타일링을 하면 몸에 딱 맞는 옷을 입은 듯 잘 어울린다. 다만 이목구비는 얼굴을 이루는 모든 요소가 어우러져서 이미지를 표현하기 때문에, 이목구비를 이루는 요소 중 이미지에 영향을 미치는 우선순위를 꼽기는 어렵다. 코가 강조되어 직선적인 이미지가 강하면 눈이 반달형이어도 동그란 이미지의 느낌이 감소하고, 눈·코·입을 하나씩 살펴보면 직선적인 느낌이 나는데도 전체적인 얼굴형 때문에 동그란 이미지로 보이는 식이다. 일반적으로 눈·코·입의 이미지가 비슷하지만, 그중 유독 부각되는 부분이 이미지를 결정하기도 한다. 전반적인 분위기를 파악해 자신의 이목구비가 어느 쪽에 가까운지 살펴보는 것이 좋다. 이목구비 스타일은 크게 둥근형과 직선형, 두 가지 이미지로 나눌 수 있다.

둥근 이미지

• 둥근 눈, 처진 눈꼬리, 둥근 콧볼, 통통한 볼, 도톰한 입술 등 통

통하고 둥근 얼굴형

- 부드럽고 발랄하며 사랑스러운 이미지로 페미닌, 러블리, 엘레강스한 룩이 잘 어울린다.(머메이드 스커트, 에이라인 스커트, 프릴)
- 유사 이미지 연예인: 김태리, 조여정, 김사랑, 수지, 손예진 등

직선 이미지

- 길고 가는 눈, 날렵한 직선의 코, 얇은 입술, 평평한 이마, 얼굴 살이 적은 편이며 각지고 날렵한 턱선을 가진 얼굴형
- 중성적인 느낌의 차갑고 도시적인 이미지로 모던 시크, 프렌치, 섹시, 매니시, 미니멀룩이 어울린다.(세련되고 라인이 적은 옷)
- 유사 이미지 연예인: 김소연, 이지아, 한소희, 김서형 등

복합 이미지

- 축복받은 얼굴형이다. 가로형 눈, 둥근 콧볼, 동그란 얼굴형에 턱 끝이 뾰족한 식의 복합적인 얼굴형은 어떤 스타일도 소화가 가능하다.
- 유사 이미지 연예인: 송혜교, 제니, 장윤주 등

보통은 체형별로 어울리는 니트 스타일을 고르지만, 이목구 비와 잘 어울리는 니트가 따로 있다. 예뻐 보이는 니트를 구 매했는데 왠지 나에게 잘 어울리지 않는다면 나의 이미지와 어우러지지 않았을 가능성이 높다.

일반적으로 이목구비가 뚜렷하거나 날카로워 보이는 편이라 면 굵은 니트를 입었을 때 더 뚜렷하고 날카로운 이미지를 주 게 된다. 특히 꽈배기나 굵은 짜임의 니트는 얼굴의 대비감을 더욱 부각하여 피곤해 보이거나 센 인상을 줄 수 있어 피하는 것이 좋다. 대신 캐시미어, 파시미나 등 촘촘한 짜임의 얇은 실 니트를 선택하면 인상이 좀 더 부드러워 보인다.

짜임이 굵은 니트는 일반적으로 키가 크고 슬림한 체형, 얼굴 선이 동그랗고 선이 부드러운 사람에게 잘 어울린다. 얼굴형 이 각진 편이라면 라운드 넥 디자인의 니트를 선택하면 부드 럽게 연출할 수 있다.

이목구비별로 어울리는 니트 짜임은 여름철 수영복 위에 니 트 커버업을 입을 때 참고해 보자. 이목구비가 뚜렷한 편이라 면 커버업으로 성근 니트 조직 대신 셔츠나 면 로브를 선택하 는 것도 좋다.

TIP **이목구비별 액세서리 추천**

둥근 이미지
선이 둥근 링, 부드러운 꽃 모양 등 입체적이고 굵으면서 부
드러운 디자인의 액세서리

날카로운 이미지
일자 드롭 이어링, 스퀘어 등 납작하면서 직선 형태를 가진
디자인의 액세서리

내 체형을 도형으로 생각해 보자

많은 사람이 옷을 고를 때 가장 신경 쓰는 것 중의 하나가 체형 보완일 것이다. 체형에서 장점이라고 생각하는 부분은 드러내고 단점으로 여겨지는 부분을 최대한 벙벙하게 가리는 옷을 선호하는 사람이 많다. 그런데 이때 오히려 전체적인 균형이 무너져 어색해 보이는 경우도 생긴다. 이때 우리가 가장 쉽고 기본적으로 체형을 보완할 수 있는 접근 방법은 바로 자신의 몸을 도형으로 생각해 보는 것이다. 상체가 큰 편이라면 상체가 커 보이지 않게 하면서 하체를 키워 주고, 하체가 큰 편이라면 옷으로 상체와의 균형을 맞춰 준다고 생각하면 쉽다. 몸이 동그랗고 살집이 있는 사람은 직각의 옷을 입으면 동그란 이미지를 보완할 수 있다.

스타일링을 할 때 체형 때문에 고민하는 사람이 많지만, 체형은 얼마든지 옷으로 커버할 수 있다. 스타일리스트 시절에 겪은 경험에 비추어 봐도 스타일링만으로 체형을 보완하는 사례가 훨씬 많다. 세상에 정말 다양한 체형이 있지만 각각 얼마든지 멋지게 연출이 가능하니 키나 체형을 파악하되 자신감은 잃지 말자.

작은 키가 커 보이는 스타일링

나는 키가 161cm인데 실제 키보다 크게 보는 사람이 많다. 키가 작은 사람에게 제일 중요한 것은 옷의 '핏'이다. 너무 크거나 작은 옷은 작은 키를 더 작아 보이게 하기 때문에 잘 맞는 핏을 고르는 게 핵심이다. 키가 큰 사람은 상대적으로 옷 사이즈가 루즈해도 괜찮지만 작은 사람은 핏이 맞지 않으면 자칫 옷이 주가 돼 버려 조화를 이루기 어렵다.

옷을 입을 때 허리를 강조하고 포인트를 위쪽에 두는 방식은 시선이 위로 분산되어 키가 더 커 보이는 효과가 있다. 벙벙하게 입기보다 허리 라인을 강조해 주는 원피스를 입거나 벨트를 활용하는 게 좋고, 베이직 자켓보다 숏 자켓을 추천한다. 롱스커트를 입더라도 아주 긴 것보다 발목이 보이는 기장이 어울린다. 핀턱 슬랙스는 누구에게나 잘 어울리는 기본 아이템이지만, 키가 작은 사람은 하이웨스트나 핀턱처럼 통이 넓지 않은 디자인이나 테이퍼드 디자인을 선택하면 좋다. 굽이 있는 운동화나 미들굽의 부츠와 함께 코디하면 더욱 시크한 핏의 연출이 가능하다.

또 패턴이나 무늬가 있는 옷보다 단색이 잘 어울리므로 가벼운 원단을 선택하자. 여름엔 린넨, 실크, 겨울에는 두꺼운 니트보다 얇고 가벼운 캐시미어가 잘 어울린다.

상체가 더 날씬해 보이는 스타일링

상체가 통통한 편이라면 우선 원단 선택이 가장 중요하다. 셔링이 있는 옷을 활용하거나, 부드럽게 흐르는 듯한 저지나 실크 소재의 옷을 선택하면 핏이 좋아 보인다. 니트는 굵은 실보다 가느다란 실로 짜인 옷이 좋다. 여름에는 상의가 도드라져 보이는 얇은 가디건보다 반팔 자켓처럼 각을 세워 주고 직선적 이미지를 주는 옷이 필요하다. 자켓을 입으면 뚱뚱한 라인이나 등살, 팔뚝살 등을 커버할 수 있다.

하의는 에이라인 스커트를 입으면 전체적으로 부해 보일 수 있기 때문에 에이치라인 스커트로 얇은 하체 라인을 드러내거나, 얇고 찰랑이는 긴 스커트를 입으면 전체적으로 더 날씬해 보인다. 체형을 보완하고 싶을 때 무조건 가리는 것보다 강점을 부각하는 방식으로 충분히 시선을 분산시킬 수 있으니 참고하자.

하체가 더 날씬해 보이는 스타일링

하체가 통통한 편인 사람은 상의에 니트 가디건처럼 여리한 목선을 드러낼 수 있는 옷을 입어 상체 쪽의 장점을 부각하는 것이 좋다. 특히 손목과 발목이 얇고 목이 긴 체형이라면 네크라인이 깊게 파인 상의에 퍼프 소매가 있는 옷을 입으면 얼굴이 작아 보이고 얇은 팔목이 더 강조된다. 이때 원단 소재는 두께가 있는 스타일을 입으면 몸매를 잡아 줄 수 있다. 여기에 하의는 에이라인 스커트를 입어 라인을 감추면 전체적으로 날씬해 보인다. 실제로 66, 77 사이즈를 입는 유명 연예인들도 위와 같은 스타일링 방법을 이용해 체형을 보완할 수 있도록 연출한다.

배가 나왔다고 느끼는 사람은 핀턱 팬츠를 입으면 보완이 되고, 여유 있는 테이퍼드 핏과 와이드 핏의 팬츠를 입어 주면 힙 부분에 여유가 생기며 하체가 커버된다. 특히 테이퍼드 핏은 아래로 갈수록 좁아지는 항아리 같은 핏이라 힙이나 뱃살까지 커버해 주기 좋다. 다만 너무 와이드한 핏은 힙과 골반을 감싸면서 와이드로 떨어져야 예쁜데, 하체가 통통한 체형은 힙과 골반이 너무 강조돼 보일 수 있어서 적당히 여유 있는 핏을 선택해 보기를 추천한다.

좁은 어깨를 보완해 주는 스타일링

좁은 어깨를 가리기 위해 큰 사이즈의 오버핏 상의를 입으면 오히려 어깨가 처져 보일 수 있다. 전체적인 체형의 균형을 맞춰 주기 위해 나그랑 소매를 피하고 적당한 사이즈의 퍼프 소매 옷을 활용하면 좋고, 겨울에는 두께가 있는 소재의 니트나 각이 잡힌 탄탄한 소재의 상의를 입어 보자.

볼륨 있어 보이는 스타일링

몸이 마른 편이라 적당히 볼륨 있어 보이는 스타일링을 원하는 사람은 저지처럼 처지거나 흐르는 느낌의 원단이 아니라 힘이 있는 원단의 옷을 선택하는 것이 좋다. 면 블라우스처럼 모양이 잡히고 공간감이 있으면 마른 몸매가 잘 부각되지 않는다. 드레이프 디자인으로 셔링이 잡힌 원피스도 볼륨이 약한 몸을 커버하기에 좋다. 에이치라인 스커트보다 에이라인이나 플레어 스커트에 자켓을 걸쳐 주는 것도 좋은 스타일링 방법이다.

팬츠는 너무 얇거나 스판기가 있는 원단을 고르면 하체가 밋밋해 보일 수 있으니, 적당히 원단에 힘이 있으면서 통이 넓은 핏을 입어 주면 마른 몸을 커버하기에 좋다.

TIP 네크라인

일반적으로 네크라인을 얼굴형에 빗대어 보완하는 식으로 활용한다. 턱이 날카롭거나 긴 얼굴형에는 라운드 넥을, 둥근 얼굴에는 브이넥을 추천한다. 다만 얼굴의 전체적인 분위기와 체형을 함께 고려해야 한다. 모든 것은 이미지와 연관되기 때문이다. 이목구비나 얼굴형이 직선형 이미지면 브이넥이 더 잘 어울리고, 둥근 이미지이면 라운드 넥이 더 잘 어울린다. 상체가 살이 많으면 브이넥으로 좀 더 시원하게 열어 주고, 마른 편이면 라운드 넥을 입어 주어 체형을 보완한다.

우리는 모두 다른 생김새를 가졌다. 비율의 우선순위를 정하면 단점을 보완하고 장점을 부각하는 스타일링이 충분히 가능하다.

이미지 완성을 위한 최종 관문, 나만의 키워드 세 개

자신의 퍼스널 컬러와 이목구비, 체형을 객관적으로 파악했다면 이제 본격적으로 자신의 스타일을 정립해 보자. 세상에 존재하는 스타일은 정말 다양하고, 시대의 흐름에 따라 없어지거나 새로 생겨나기도 한다. 모던룩, 시크룩, 모노톤룩, 내추럴룩, 빈티지룩, 글램룩, 클래식룩, 엘레강스룩… 언뜻 떠오르는 것만 해도 손에 다 꼽히지 않을 정도다. 이 중 나에게 어울리는 룩은 무엇일까?

나의 퍼스널 컬러와 이목구비별 이미지 체형이 파악되었을 것이다. 이것을 종합해 나를 하나의 캐릭터로 상상하며 평소 자신이 즐겨 입거나 좋아하는 스타일을 떠올려 보면 분명히 몇 가지 공통적인 특징을 간추릴 수 있을 것이다. 이를 참고하여 나는 어떤 이미지이고 다른 사람들에게 어떤 이미지를 전달하고 싶은지 명확히 결정하면, 자신이 구축하고 싶은 이미지에 어울리는 룩을 몇 가지 알 수 있다. 물론 모든 룩을 다양하게 시도해 보면 좋겠지만, 시간과 비용이 만만치 않으니 처음 스타일을 찾기 시작할 때 비슷한 풍으로 두세 가지 정도 좁혀 보는 것이 효율적이다. 그리고 그걸 표현할 수 있는 나만의 키워드 세 가지를 찾아보자. 이 키워드가 바로 나의 패션 스타일이자 가치관이 정립되는 출발점이다. 예를 들어 비즈니스가 중요해서 전문적인 이미지를 전달하고 싶은지, 중년의 우아한 이미지를 보여 주고 싶은지에 따라 스타일링이 달라질 수 있다. 나의 경우 타고난 이목구비가 화려한 스타일이고, 우아하면서 고급스러운 중년의 이미지에 어울리는 룩을 선호한다. 그래서 나만의 키워드 세 가지는 시크, 럭셔리, 엘레강스이다. 자신의 이미지를 대표하는 패션 스타일 키워드 세 가지를 찾아보자. 이 세 가지 키워드는 앞으로 새 옷을 쇼핑하거나 오늘 입을 옷을 코디할 때, 액세서리를 매치하거나 헤어 스타일을 정할 때까지 매 순간 대입해 볼 수 있다. 쇼핑을 할 때 유행하는 아이템을 이것저것 사기보다 옷 한 벌과 신발 한 켤레를 사더라도 우선 신중히 스스로에게 물어 보는 것이다.

'시크한가? 럭셔리한가? 엘레강스한가?'

내가 정한 키워드에 맞지 않으면 아무리 유행이어도 사지 않고, 쇼핑을 하다가 순간적으로 귀엽고 키치한 아이템이 눈에 들어오더라도 지나친다. 시크하고 럭셔리한 이미지를 원하는데 꽃 모양 귀걸이를 산다면 구매할 때 기분이 좋더라도 결국 마땅히 착용할 기회가 없어 화장대 구석에 영원히 머물게 돼 버릴 수 있다. 이렇게 결제하기 전 내 키워드에 맞는지 질문하고 확인하는 것만으로도 쇼핑에 일관성이 생긴다. 그러고 나면 어느 순간 옷장 속의 옷을 매치하는 데 진을 뺄 필요 없이, 모든 아이템이 한데 어우러지는 것을 경험할 수 있다.

이 키워드는 패션에 한정되는 것이 아니라 '나'라는 사람의 '토탈 이미지 메이킹'에 적용된다. 심지어 사람들을 만나 식사를 하거나 대화를 할 때도 나 자신이 정한 이미지를 만들어 낼 수 있다. 나의 말투와 행동 하나하나에 원하는 이미지가 조금씩 스며드는 것이다. 한 번에 사람의 이미지가 바뀌는 것은 아니지만 내가 원하는 이미지가 조금씩 모여서 채워지다 보면 어느 순간 사람들이 내가 원하는 그 이미지로 나를 바라볼 것이다.

일단 자신이 변화하기로 마음을 먹었다면 그렇게 변해 갈 수밖에 없다. 오늘 입을 착장을 고르거나 사람들을 만나 어떤 말을 꺼낼 때, 스스로에게 물어보면 된다. 내 모습과 행동이 내가 정한 키워드와 잘 맞아떨어지는가? 바로 이 질문이 스타일링의 본질과 가깝다.

3
장

이미지가 정립되면 옷장에 체계가 생긴다

옷장에 입을 옷이 없는 사태에서
벗어나는 법

티셔츠 한 장을 샀더니 어울리는 팬츠를 사야 하고, 그러고 나니 또 신발이 마땅한 게 없어 새로 사야 하는 끝없는 쇼핑의 굴레에 빠져 본 적이 있을 것이다. 자신이 보여 주고 싶은 이미지의 스타일 키워드를 꼽아 보고 나면 우리는 인생의 큰 비중을 더욱 생산적인 일에 사용할 수 있게 된다. 쇼핑몰을 몇 바퀴씩 돌거나 옷장을 열었다 닫았다 하며 한숨을 쉬는 일이 대폭 줄어들게 된다는 뜻이다. 나도 이미지를 대표하는 키워드를 꼽아 보고 지금의 스타일로 정착하기까지 꽤 많은 시행착오를 겪었다. 특히 예전에는 지금처럼 다양한 정보가 범람하지 않았기 때문에 결국 옷을 직접 입어 보고 경험해 봐야 나에게 어울리는 게 뭔지 알 수 있었다. 그래서 20대 중·후반까지 그날의 기분에 따라 매번 다른 스타일을 시도하고, 유행에 발 빠르게 탑승해 보기도 했다. 그때는 내 스타일이라는 게 딱 정립되지 않았기 때문에 쇼핑하는 아이템에 일관성이 없었다. 지금은 상상이 잘 되지 않지만 미니 스커트, 가죽 자켓, 프린트 티셔츠 등 나와 어울리지 않는 옷도 입어 보고, 결국 손이 가지 않아서 방치하는 일도 많았다. 여러 스타일에 맞춰 너무 많은 옷을 사다 보니 옷장이 터질 기세라 우리 집의 제일 큰 안방을 아예 옷방으로 쓸 정도였다. 그러다 20대 후반부터 30대에 접어들어 기본적으로 시크하고 세련된 스타일에 페미닌, 캐주얼한 스타일 등을 접목해 시도해 보았다. 그러면서 자연스레 나에게 어울리는 것과 어울리지 않는 것을 알게 되었다. 나만의 스타일이 생기며 나는 이런 스타일의 옷은 10년이 지나도 계속 입지만, 어떤 옷은 오래 못 입는구나를 깨달았다. 당시 옷을 워낙 좋아했기에 집에 옷이 참 많았는데, 어느 순간 대대적인 옷장 정리를 하며 입는 옷을 줄이기 시작했다.

자신의 스타일이 정립되면 손이 안 가는 옷은 언젠가 입겠지 싶어 남겨 놔도 결국은 영영 안 입게 된다. 어느 시기에 유행했던 옷은 다음 해에 못 입게 되고, 내 스타일이 아닌데 입어 보고 싶어 샀던 옷도 두어 번 입고 나면 손이 안 간다. 그런 옷은 아무리 쌓아 두어도 옷장의 역사 속으로 사라지는 것이다. 그래서 과거에 시도해 봤던 다양한 스타일의 옷은 잡초 뽑듯 골라내 정리했다. 그렇게 나에게 제일 잘 어울리는 옷들만 내 곁에 남았다. 앞으로 내가 어떤 옷을 새로 사야 50~60대까지 오래 입을 수 있는지 알게 되니 이후의 쇼핑이 쉬워졌다. 쇼핑할 때 실수가 줄어들고, 새로운 아이템을 샀을 때 기존에 있던 옷과 잘 매치할 수 있게 된 것이다.

옷 쇼핑을 할 때 가장 어려운 점은 어울리는 아이템을 매치하는 부분이다. 유행하는 옷 하나를 사면 그 스타일에 맞춰 또 다른 부수적인 아이템을 사야 하는데, 나와 어울리지 않으면 결국 오래 입지 못할 옷을 여러 벌 사고도 계속 실패를 경험하게 된다. 그런데 옷장에 분명한 자신만의 콘셉트가 있다면 추가로 어떤 아이템을 사도 실패할 일이 없다. 니트 한 장을 사도, 신발 한 켤레를 사도 기존에 있던 옷의 컬러나 스타일과 잘 어울려서 매번 풀 착장을 새로 쇼핑하지 않아도 되는 것이다.

나는 나에게 잘 어울리는 가을 딥 웜톤에 맞는 컬러들을 옷장에 쭉 걸어 두었고, 무늬가 있는 프린트 옷이 안 어울려 지금은 프린트나 그림, 로고가 없는 무지 옷만 입는다. 큰 로고가 붙으면 멋스럽지 않게 느껴져 집에서 뜯어 버리기도 한다. 대신 소재가 달라 같은 무지 옷이라도 색상 매치를 다르게 해 주면 그때그때 새로운 느낌을 연출할 수 있다. 덕분에 지금은 옷의 개수가 많지 않지만 그것만으로도 다양한 스타일링이 가능해졌다.

옷장에 옷은 많은데 입을 게 없다는 난감한 기분을 느낀다면 옷장에 대대적으로 나만의 이미지를 입혀 줄 때다. 예쁜 옷, 유행하는 옷이 아니라 내가 원하는 이미지와 맞는 옷으로 옷장을 채워 준다면 언제 어디서든 그날의 착장이 만족스러울 수 있다.

유행 아이템 똑똑하게 활용하려면

나는 SNS를 다소 늦게 시작한 편인데, SNS를 하다 보니 여러 패션 인플루언서들의 피드에서 그때그때 유행하는 아이템의 흐름을 접하게 된다. 그러다 한 번은 한창 유행하는 샤넬 부츠가 예뻐 보여 홀린 듯이 덩달아 구매한 적이 있다. 부츠 자체는 마음에 들었고, 코디해서 착장을 찍어 볼 때까지만 해도 좋았지만 그 사진을 SNS에 올리고 나니 묘한 이질감이 느껴졌다. 그동안 내가 스타일링한 아이템들은 내가 추구하는 키워드와 한데 어우러져 나만의 스타일을 드러냈다. 그런데 부츠는 기존의 스타일을 고려하지 않고 구매한 탓에 내 피드의 전반적인 무드와 어울리지 않아 혼자 튀는 모양새가 돼 버렸다.

아무리 비싸고 인기 많은 제품이라도 나에게는 성공적인 아이템이 되지 않을 수 있다. 유행하는 예쁜 아이템을 보면 충동적으로 사고 싶은 유혹을 느낄 때가 있다. 하지만 지금은 내가 추구하는 스타일의 방향성이 선명하기 때문에, 구매하기 전에 중심을 잡고 내 이미지에 맞는지부터 확인해 본다. 물론 내 스타일링에 어울리면서도 유행하는 아이템이 있다면 적극 수용하겠지만, 내 룩에 어울리지 않는데 유행한다는 이유로 구매하는 것은 지양하려고 한다.

지인 중 경제적으로 여유가 있어 쇼핑에 아낌없이 투자를 하는 사람이 있는데, 그의 옷장을 들여다보면 한 사람의 옷장이라고 보기 어려울 만큼 다양한 스타일의 옷들이 혼재해 있다. 옷의 개수는 많은데 막상 어떻게 입어야 할지 고민이 된다고 내게 토로한 적이 있다. 아마 꾸준히 쇼핑을 하면서도 이와 비슷한 고민을 하는 사람이 많을 것이다.

예뻐 보이는 옷, 유행하는 옷에 집중해 쇼핑을 하다 보면 막상 나와 어울리지 않거나, 그 시기가 지나 입을 수 없게 되는 경우가 많다. 또 그 아이템에 맞추느라 추가로 쇼핑을 하게 되는데, 나중에는 그 스타일 자체에 손이 안 가게 되면서 옷장에만 묵히는 옷들이 많아지는 것이다. 결국 많은 투자를 했는데도 스타일이 구축되는 것이 아니라 오히려 자신이 뭘 좋아하고 어떤 분위기를 원하는지 혼란스러워질 수 있다. 물론 유행하는 아이템을 적절히 활용하면 트렌디해 보일 수 있지만, 트렌드를 너무 의식하다 보면 오히려 자신의 미적 감각이 흔들리게 된다. 유행에 민감하게 반응해 머리부터 발끝까지 유행 따라 매번 옷 스타일을 바꾸는 것이 아니라, 먼저 자신의 스타일을 정립하는 것이 중요하다. 모던하고 시크한 이미지를 추구하면서 유행하는 힙하고 청키한 스타일의 나이키 운동화를 굳이 살 필요는 없을 것이다. 대신에 자신의 분위기와 결이 맞는 아이템이 유행한다면 소품으로 추가해 활용하는 것만으로 충분히 트렌디한 분위기를 낼 수 있다. 평소 입는 룩에 어디에나 매치하기 좋은 유행템인 라피아 비치백을 하나 매 주거나, 분위기와 어울리는 플랫 슈즈로 나의 룩을 한 단계 업그레이드해 주는 것이다. 나는 기본적으로 10~20년씩 입을 수 있는 베이직한 디자인의 옷을 선호하는데 이렇게 오래전에 구매한 옷이라도 유행하는 백이나 슈즈 하나를 매치해 주면 충분히 패셔너블해 보인다.

유행하는 아이템을 구매하기 전에 우선 나만의 이미지를 이해하고 정립하자. 아무리 구하기 어렵고 예쁜 옷이라도 나에게 그만한 가치를 주지 못할 수 있다. 자신의 이미지에 맞는 스타일을 쌓는다면 유행 아이템도 필요에 따라 선택할 수 있는 여유가 생길 것이다.

무조건 구비해야 하는
기본 아이템에 투자하라

기본 아이템은 무조건 종류별로, 또 좋은 것으로 구비하는 것을 추천한다. 클래식은 좀처럼 실패하는 법이 없듯, 기본 아이템은 나이대나 시대를 불문하고 유용하게 쓰인다. 그래서 흰 셔츠나 롱스커트 같은 기본적인 디자인의 옷은 길을 걷다 마주치는 로드숍이나 인터넷만 켜면 보이는 쇼핑몰에서 쉽게 구매할 수 있다. 하지만 어떤 옷들은 한 철만 입어도 원단이 망가져 다음 철에는 입을 수 없게 되거나, 한두 번 빨고 나면 모양이 달라져 버리기도 한다.

　가장 베이직한 아이템일수록 디자인 요소에서 큰 차이가 나지 않기 때문에 원단과 소재의 고급스러움이 차별화의 핵심이다. 기본 아이템의 디자인은 어디에서 사도 비슷하지만 소재가 주는 고급스러움은 흉내 낼 수 없다. 그래서 기본 아이템은 명품 브랜드에서 구매해도 좋고, 꼭 명품이 아니더라도 충분히 좋은 브랜드에서 좋은 퀄리티를 가진 옷을 사는 것을 추천한다. 좋은 브랜드의 옷은 원단, 박음질부터 다르기 때문에 확실히 차별점을 느낄 수 있다. 물론 언뜻 봐서 다 비슷비슷하고 단순한 디자인의 옷 한 벌에 큰 비용을 들인다는 게 부담이 될 수 있다. 하지만 옷의 퀄리티가 낮으면 빠르게 해질 뿐 아니라 착용감이 불편해 자주 손이 가지 않는다. 그렇게 계절이 바뀔 때마다 작년에 입던 옷을 뒤적거리다가 결국 새로운 옷을 여러 벌 사는 것보다 제대로 된 기본 아이템 한 가지에 투자하는 것이 장기적인 가치를 보면 더 나을 수 있다는 이야기다.

나는 20대 중반에 구매했던 명품 브랜드의 나시티를 20여 년이 지난 지금까지도 쉽게 매치해 입는다. 특히 나는 과한 연출보다 덜어 내고 비워 내면서 한 군데 정도만 포인트를 주는 스타일을 좋아하는데, 화려한 요소가 없는 기본 아이템일수록 옷의 퀄리티가 높아야 덩달아 다른 아이템도 고급스러워 보인다.

민소매 나시   가디건

겨울용 캐시미어 니트

기본 상의

내가 추구하는 고급스러운 스타일링에서 티셔츠는 별로 선호하지 않는다. 개인적으로 가진 면 티셔츠가 열 손가락 안에 들 정도로 적다. 대신 기본 자켓, 화이트 셔츠는 원단이 좋은 제품이 있으면 가끔 갖춰 입어야 하는 자리에서도 쉽게 스타일링할 수 있다. 여름용 민소매 나시와 가디건, 겨울용 캐시미어 니트는 필수다. 베이직한 디자인과 컬러를 선택해 다양하게 활용해 보자.

와이드 핀턱 팬츠

기본 하의

스커트는 고급스러움과 모던 시크함을 표현해 주는 실크 원단을
선호한다. 계절과 무관하게 여기저기에 매치해 입기 좋다. 와이드
핀턱 디자인의 팬츠도 필수다. 여기에 셔츠, 티셔츠 한 장만 입어
줘도 세련되고 편안한 느낌으로 쉽게 스타일링할 수 있다.

머플러 활용 방법

머플러나 스카프는 베이직한 디자인으로 가지고 있으면 활용도가 높다. 베이직한 디자인은 바느질 선이 따로 없기 때문에 사이즈와 소재로 판가름이 난다. 머플러는 좋은 캐시미어 소재에 끝 부분 술이 달린 클래식한 디자인도 좋다. 스카프는 실크 소재가 고급스러워 보인다.

벨트 활용 방법

벨트는 가는 것, 중간 것, 넓은 것으로 세 종류를 추천한다. 와이드 팬츠를 입을 때는 얇은 벨트를 하는 게 예쁘고, 보통의 스트레이트 팬츠는 중간 두께의 벨트를 하는 것이 좋으며 롱 원피스에는 넓은 벨트가 조화롭게 어울린다.

패션을 최종적으로 완성하는 것은 신발이다. 신발은 스웨이드와 가죽 소재의 로퍼, 슬립온, 스니커즈, 미들굽의 하이힐(앞코가 둥근 것과 뾰족한 것), 앵클 부츠, 롱부츠 정도를 종류별로 갖춰 두고 그날의 룩을 완성해 보자. 앞코가 뾰족한 신발은 트렌디한 분위기를 낼 때 좋고, 앞코가 둥근 스타일의 신발은 고급스러운 분위기를 낼 때 유용하다.

명품보다 중요한 건
내가 누릴 수 있는 가치

흔히 말하는 명품은 제품 자체의 퀄리티뿐 아니라 역사와 이미지 그리고 브랜드의 철학을 바탕으로 가치가 형성된다. 명품을 소비하는 것은 그 브랜드의 가치와 철학을 구매하는 것이기도 하다. 명품 자체에 선입견을 가지고 무작정 사치스럽거나 부정적인 이미지로 볼 필요는 없다. 다만 로고가 돋보이는 명품 아이템을 단순히 명품이라는 이유만으로 무리해서 구매하는 건 다른 문제다. 어떤 환상을 추구하는 소비가 아니라, '오랜 시간 입을 수 있는 옷'의 가치를 따져 보고 누릴 때 명품의 의미가 살아나지 않을까.

중년의 우아함을 드러내는 스타일에 중점을 두면 자연스레 옷의 가치를 고려하게 된다. 지금 당장 자라에 가서 옷을 몇 벌 입고 예뻐 보이는 걸 저렴한 가격에 구매할 수도 있지만, 고가의 옷을 구매할 때는 보통 먼 미래를 떠올린다. 5~10년 뒤에도 입을 수 있는 옷인지 생각해 보는 것이다. 자신의 스타일을 받쳐 주는 가치관이 확고해 오래 입을 수 있다는 확신이 있다면 기꺼이 구매할 수 있지만, 겨우 한 계절만 입을지도 모를 옷을 비싼 금액을 지불하고 구매하는 사람은 많지 않을 것이다.

나는 어릴 때 한창 샤넬의 화려함에 빠졌었는데, 지금은 옷장에 샤넬의 트위드 자켓이 하나도 남지 않았다. 트위드 소재 자체가 내 얼굴과 잘 어울리지 않고 정돈되지 않은 분위기를 주는 듯해 아무리 예쁜 자켓이 보여도 사지 않게 되었다. 나에게 필요하지 않은 디자인, 오래 누릴 수 없는 가치라고 판단한 셈이다. 대신 지금은 조금 더 차분하고 단정한 느낌을 주는 브랜드를 선호하는데, 이를테면 에르메스는 디자인이 베이직해 레이어드하기 편하면서도 옷에 쓰이는 원단이 정말 좋아 20년 전 에르메스에서 산 고가의 나시를 지금까지도 입는다. 세월이 지나도 옷이 변하지 않고 말끔해 만족스러운 쇼핑 경험 중 하나다. 장인의 손길로 빚어진 옷의 가치를 오랫동안 누릴 수 있다는 게 명품의 긍정적인 의미가 아닌가 싶다. 다만 현 시대에 명품 브랜드가 가진 고유의 가치보다 훨씬 더 고평가된 가격이 매겨진 것도 사실이다. 몇 년 사이에 가격이 두 배씩 오르는 것을 보면 명품 같은 퀄리티를 내면서도 합리적인 가격의 브랜드가 더 많아져야 한다는 생각이 든다. 내가 제작하는 옷이나 스카프도 항상 명품의 퀄리티에 더 많은 사람이 접근할 수 있는 합당한 가격대로 선보이는 것이 가장 큰 목표다.

우리가 지불하는 비용에 걸맞은 가치를 누릴 수 있다면 합리적이겠지만, 실제로 그렇지 않은 경우가 있다. 정말 비싸게 산 옷인데 자주 입지 않게 되거나 별다른 생각 없이 저렴하게 구매한 옷이 운명처럼 마음에 쏙 드는 일도 많다. 같은 제품이라고 해도 결국 그 제품의 가치를 판단하고 누리는 건 우리 자신이다. 명품 브랜드의 명성과 높은 가격대가 아니라 그 제품이 나를 얼마나 만족시킬 수 있으며, 그 제품이 가진 가치를 내가 얼마나 필요로 하는지가 중요한 것이다.

내가 꿈꾸는 미래에
한 걸음 더 다가가는 과정

내가 원하는 중년의 이미지에 맞는 스타일링을 하고 싶어도 막상 그 옷을 직접 입어 보지 않으면 주저하게 된다. 익숙한 스타일에만 다시 손이 가고, 새로운 스타일은 낯선 마음에 도전하지 않는 사람이 많다. 하지만 나이가 들고 자신이 원하는 이미지가 변화할 때, 그에 걸맞은 스타일링을 하기 위해 무조건 직접 입어 보고 시도해 봐야 한다.

이전에 이벤트성으로 SNS 팔로워분들을 초대해 스타일링을 해드린 적이 있다. 처음에는 '제 스타일이 아니에요' 하고 주저하시던 분들도, 내 추천대로 입어 보신 후에 '어, 괜찮네요?' 하고 새로운 발견을 하시고는 추천 아이템을 대부분 구매해 가신 분도 있었다. 스타일을 바꾸는 것이 처음에는 어색하게 느껴져도 막상 몸에 걸쳐 보면 거울 속에서 평소와 다른 분위기를 풍기는 자신의 모습을 확인할 수 있을 것이다.

누구나 인생의 갈림길 앞에서 고민한 경험이나 큰 변화를 겪게 된다. 나는 아이를 낳은 30대에도, 본격적인 중년에 접어드는 듯한 40대에도 문득 인생의 새로운 장을 넘기고 있다는 느낌을 받았다. 정신적으로 더 성숙해지고 그릇이 커지기도 하지만, 피부 탄력이 떨어지고 체력이 안 좋아지는 듯한 신체적인 변화가 다소 두려울 수 있다. 하지만 태어날 때와 똑같은 몸과 마음으로 사는 사람이 어디 있겠는가. 나이가 들면 옷 사이즈가 반 치수 정도 늘어나고, 얼굴에는 주름도 생긴다. 변화는 너무나 자연스러운 것이다. 그 자연스러운 변화를 받아들이면서, 그에 따라 나의 분위기와 스타일을 과감하게 바꿀 줄도 알아야 한다. 40대에 접어들면 날이 서 있던 성격이 유해지고, 다양한 경험이 쌓이면서 깊은 분위기가 생긴다. 그런데 학창 시절에 하고 다니던 헤어 스타일을 40대까지 하고 다니면 젊어 보이는 것이 아니라 오히려 성숙한 중년의 분위기를 해칠 수 있다. 그 나이대에만 나올 수 있는 아우라를 발전시켜 나만의 것으로 만드는 것이 중요하다.

우리가 미용실에 가면 지금 당장 하고 싶은 스타일뿐 아니라 결국 나중에 하고 싶은 스타일이 무엇인지를 물어보는 경우가 있다. 내년 여름에 긴 웨이브 펌을 하고 싶으면 지금은 머리를 짧게 자르지 않아야 하고, 조만간 밝은색으로 염색을 하고 싶은데 지금 머릿결이 안 좋아 뚝뚝 끊어진다면 우선 머릿결 관리부터 받아야 한다.

스타일링도 마찬가지로 10~20년 뒤의 내 모습을 꿈꾸고 조금씩 다가가는 과정이라고 할 수 있다. 내가 원하는 중년의 워너비는 어떤 모습인가? 콕 집어 따라하고 싶은 롤모델을 생각해 두어도 좋다. 한 번에 바뀔 수는 없겠지만 내가 바라는 롤모델의 이미지와 조금씩 가까워지는 방향으로 천천히 나의 중년을 스타일링한다고 생각해 보자. 자기 자신에게 관심을 가지고 변화를 들여다보면서 시간의 흐름에 발을 맞춰 주는 것이다.

비즈니스

직장인의 비즈니스룩은 프로페셔널한 이미지를 보여 주면서도 깔끔하고 정돈된 느낌을 주는 것이 포인트다. 직종에 따라 어느 정도 차이가 있지만 특히 신뢰를 보여 주어야 하는 자리에서 너무 딱딱하지 않으면서도 반듯해 보이는 이미지가 좋다. 실패하지 않는 조합은 스커트나 슬랙스, 블라우스나 셔츠에 자켓을 걸쳐 주는 것이다. 절제되면서도 갖춘 듯한 느낌을 준다.

하객

하객룩을 코디해 줬으면 좋겠다는 분들에게 망설임 없이 추천하는 스타일링이 바로 골드 플리츠 스커트에 블랙 상의다. 특히 골드 플리츠 스커트는 강력 추천하는 아이템이다. 나는 결혼식과 생일 파티, 각종 행사 등 특별한 날마다 즐겨 입는다. 단정해 보이면서도 컬러감으로 확실한 존재감을 선보여 적당히 갖춘 듯하면서 세련된 느낌을 연출할 수 있다. 계절에 따라 여름에는 얇은 블랙 니트 상의와 매치하고, 겨울에는 블랙 자켓이나 코트를 걸쳐 줘도 센스 있는 룩을 연출할 수 있다.

학부모 상담

자켓 정장을 입어 꾸민 듯한 느낌보다 가디건이나 스카프로 포인트를 줘 꾸민 듯 안 꾸민 듯한 일명 '꾸안꾸' 스타일링을 추천한다. 원색의 컬러나 화려한 프린트보다 고급스러운 원단의 롱스커트나 포멀 팬츠를 입어 주면 깔끔하면서도 단정한 인상을 주기 좋다. 만약 자켓이나 트위드 자켓을 입는다면 하의는 데님이나 면 팬츠를 코디하여 힘을 조금 빼면 된다. 신발은 플랫이나 미들굽 슬링백을 추천한다. 물론 가장 중요한 건 너무 과하지 않은 이미지로 연출하는 것이다.

가족 모임

어르신들과 함께하는 식사 자리는 어느 정도 단정한 느낌을 주지만 비즈니스 자리처럼 너무 갖춰 입을 필요까지 없다. 칼라가 있는 자켓보다 칼라가 없는 노멀하고 캐주얼한 자켓이나 니트, 가디건을 걸쳐 주면 편안한 듯 여유 있는 느낌을 낼 수 있다. 하의는 밴딩 팬츠나 롱스커트를 입어 깔끔해 보이면서도 개성을 살짝 드러낼 수 있는 스타일로 코디해 보면 어떨까.

친구들과의 약속

평소에 자주 보는 편안한 친구들과의 만남이라면 적당히 자신의 개성을 드러내는 옷차림이면 충분하다. 하지만 오랜만에 만나는 동창 모임이거나 생일 파티처럼 특별한 날이라면 한껏 꾸미고 나가서 기억에 남을 멋진 사진을 잔뜩 남길 기회다.

데이트

부부간에 외출을 할 때 종종 맨투맨에 청바지, 패딩이나 캡모자를 교복
처럼 입고 다니는 사람을 많이 봤다. 이왕 데이트를 하러 간다면 기품
있는 스타일로 분위기를 내 보면 어떨까. 베이직하고 고급스러운 룩은
대부분의 사람이 선호하는 스타일이다. 청바지보다 슬랙스, 편한 니트,
목 폴라, 풀오버, 롱스커트 등으로 부담스럽지 않으면서 단정한 룩을
추천한다. 슬림한 핏에 발목까지 오는 롱 원피스를 입고 벨트로 포인트
를 주는 것도 좋다.

가족 나들이

평소보다 조금 더 특별한 날로 계획한 가족 나들이에서 세미 캐주얼로 편안하면서도 고급스러운 룩을 연출해 보자. 자켓에 슬랙스 대신 치노 팬츠를 매치하고, 아이와 돌아다니기 편한 단화를 선택하면 마냥 캐주얼하지 않으면서 기념일 사진도 충분히 남길 수 있는 룩이 완성된다. 액세서리는 심플하고 무난한 것으로, 가방은 작은 사이즈의 도트백과 왕골백 등을 매치해 보자.

휴양지

럭셔리한 느낌의 리조트룩을 연출할 때 챙기면 좋은 기본적인 아이템 중 하나는 화이트 린넨 셔츠다. 오버핏의 화이트 린넨 셔츠는 수영복 위에 걸치거나 호텔에서의 에어컨 바람막이로도 유용하다. 가벼운 소재의 블랙 롱 드레스를 하나쯤 챙겨 가 근사한 저녁 식사를 할 때 입어도 좋다. 각진 느낌의 파나마 햇은 썬캡이나 챙 넓은 모자보다 좀 더 갖춰진 느낌이라 럭셔리한 분위기를 자아낼 수 있다. 자고 일어나 부은 얼굴이나 메이크업을 생략한 얼굴을 커버해 주는 건 덤이다.

기품 있는
중년 스타일링의 비법

중년의 이미지를 만드는 네 가지 포인트

룩의 이미지를 결정하는 건
소재와 컬러

이미지 스타일링을 할 때 룩에서 가장 큰 비중을 차지하는 건 뭘까? 물론 옷의 디자인도 중요하지만 그 옷을 입은 사람의 이미지를 결정하는 것은 단언컨대 소재다. 특히 중년에 필요 이상으로 화려하거나 파격적인 스타일링을 하는 사람보다 베이직한 디자인이면서 좋은 원단을 깔끔하게 입은 사람을 보면 자기 삶의 가치관이 정립되어 여유가 있어 보인다.

옷의 소재를 선택할 때 우선순위는 무조건 천연 소재다. 모, 울, 캐시미어, 실크, 레더, 린넨 등이 모두 천연에서 나오는 소재인데, 옛날 고대부터 입었던 옷들도 다 이런 천연 소재로 만들어졌다. 이후에 합성 실과 합성 섬유가 나오면서 대체 소재가 생겨나게 된 것이다. 어떤 소재의 옷을 골라야 좋을지 모르겠다면 일단 천연 소재를 선택해 기본적으로 고급스러운 느낌을 가질 수 있다. 실크는 사계절 내내 입을 수 있고, 봄에는 캐시미어, 여름에는 린넨, 울은 겨울뿐만 아니라 여름용 울도 있다.

천연 소재로 만든 옷은 고급스러울 뿐 아니라 오래 간다는 것도 장점이다. 한 계절 입고 나면 다음 해에는 못 입게 되는 옷들이 많은데, 좋은 소재는 잘 관리하면 10년도 넘게 꾸준히 입을 수 있다. 물론 그만큼 단가가 비싸다는 것이 천연 소재의 단점이다. 그래서 대체할 수 있는 소재를 알아 두면 좋다. 예를 들어 캐시미어 실은 머리카락 몇백분의 일 정도로 정말 얇고 결이 살아 있어 매우 부드러운 촉감을 느낄 수 있다. 다만 높은 가격이 부담스럽기 때문에 캐시미어처럼 부드러운 원사인 비스코스로 대체해 볼 수 있다. 물론 합성으로 부드럽게 만든 것이기 때문에 캐시미어처럼 결이 살아 있는 느낌이 나지 않지만, 가격까지 고려한다면 캐시미어를 대체하기에 훌륭하다. 캐시미어가 워낙 부드러워서 내구성이 떨어진다는 점도 보완해 준다. 혹은 면에 캐시미어가 10%쯤 섞인 원단을 선택하는 것도 괜찮다. 실크는 폴리에스터 소재로 대체할 수 있다. 요즘에는 비싼 천연 가죽 대신 자연에 가까운 느낌으로 잘 가공된 합성 가죽도 꽤 퀄리티가 좋다. 가죽 소재는 사진으로 봤을 때 실제 퀄리티를 잘 알 수 없는 경우가 많아 꼭 눈과 손으로 직접 확인하고 구매하는 것을 추천한다.

옷은 퍼프 소매나 에이라인 등 디테일이 많은 디자인보다 포멀한 직선 라인의 디자인이 고급스러운 이미지를 연출해 준다. 클래식하고 베이직한 기본 디자인에 원단이 좋은 아이템을 갖추고 브라운, 아이보리 등 뉴트럴 컬러의 톤온톤 매치를 하면 초보자도 쉽게 고급스러운 룩을 연출할 수 있다. 컬러가 고민돼 올 블랙을 선택하면 자칫 주름이 도드라져 보이거나 얼굴이 그늘져 보일 수 있다. 스타일링에 자신이 있다면 컬러를 더 다양하게 사용해도 좋겠지만 컬러 매치에 자신이 없을 때 톤온톤을 활용한다면 안전하게 스타일링할 수 있다.

　화려한 패턴은 피하되, 부드러운 단색 톤에 컬러감을 주고 싶다면 포인트 컬러는 한 가지 정도만 사용해 보자. 이때 옷이 아니라 스카프 같은 액세서리를 활용하면 좋다. 옷에 프린트나 로고가 없어 밋밋하게 느껴질 때도 스카프에 프린트가 있기 때문에 포인트로 충분하다. 또 한 가지 중요한 팁은, 좋은 소재의 옷을 입는다고 해도 주름 없이 깔끔하게 다려 입는 것과 그렇지 않은 건 완전히 다른 느낌이 난다. 의외로 옷을 다려 입는 사람들이 별로 없는데, 다려 입은 옷과 그렇지 않은 옷의 차이는 생각보다 굉장히 크다. 매끄럽게 다려진 옷이나 스카프는 훨씬 더 귀티 나고 고급스러운 이미지를 만들어 준다.

TIP 캐시미어 니트 관리 방법

캐시미어는 산양의 털로, 중국 내몽고산이 최고로 꼽힌다. 뻣뻣한 털 아래 나는 얇은 솜털들을 털갈이 시기 전에 채취하는 방식이다. 보통 니트 상의 한 벌에 4마리의 양으로부터 캐시미어를 얻어야 하기 때문에 고급 옷감에 속한다.

캐시미어는 조직감이 조밀해서 냄새가 잘 배기 때문에, 외출후 옷장에 넣기 전 통풍이 잘 되는 곳에서 환기를 먼저 시켜주는 것이 좋다. 보관할 때는 종이에 끼워 반듯하게 접어서 보관하고, 오염이 생겼을 경우 즉시 울 전용 세제로 손빨래한다. 울 세제를 푼 물에서 가볍게 주물러 세탁하고 물기는 타월로 잘 말아 제거한 뒤 뉘어서 말려 주면 된다. 캐시미어 소재는 부드럽고 약하며, 실크처럼 특유의 광택이 있어 자주 드라이 클리닝을 하면 결이 망가지고 광이 죽으니 최대한 피하는 것이 좋다.

보풀 제거기는 얇고 가느다란 실의 캐시미어를 모두 깎아 버리기 때문에 자주 쓰면 중량이 점점 얇아진다. 캐시미어 관리용 빗이 시중에 판매되는데 빗으로 빗어 관리하면 뭉친 보풀을 깔끔하게 풀어 주어 관리할 수 있다. 포인트는 보풀을 제거하는 것이 아니라, 풀어 준다는 것이다.

 캐시미어 니트 보관 방법

린넨과 코튼은 고온에서 잘 견디며, 다림질하기 전에 충분히 습기를 머금게 해야 린넨의 깊은 주름을 쉽게 펼 수 있다. 다만 린넨 소재는 다림질 후에도 자연스러운 주름이 일부 남아 있는 것이 특징이기 때문에 완벽한 다림질을 기대하지 않는 것이 좋다.

울은 높은 열에 민감한 소재기 때문에 너무 뜨거운 온도로 다림질하면 옷감의 구조가 바뀔 수 있다. 중저온에서 다려 주어야 한다.

실크는 단백질 섬유로 이루어져 고온에 노출되면 구조가 변형되거나 파괴될 수 있고, 아예 녹아 버리기도 한다. 저온에서 뒤집어 다림질해야 하는데, 한 번 생긴 자국은 회복이 잘 되지 않는다. 이때는 드라이 클리닝을 하면 된다.

머릿결은 하루아침에 좋아지지 않는다

내 주변에 항상 머리를 깔끔하게 넘기고 다니시는 화장품 브랜드 대표님이 있다. 키도 크고 체격이 좋아 듬직해 보이는 외형도 한몫하지만, 무엇보다 핏이 잘 맞는 착장에 헤어까지 꼼꼼하게 손질하여 늘 정돈된 이미지를 느끼게 해 준다. 비즈니스 미팅을 해 보면 그분의 말을 긍정적으로 듣게 되어 신뢰도가 높아지는 효과가 있다. 중년에는 종종 후배들이나 클라이언트에게 신뢰를 줘야 하는 위치에 있게 되는 일이 있는 만큼, 그에 맞게 중후하고 고급스러운 이미지를 갖추는 것이 사회 생활에 있어 큰 플러스 요인이 될 수 있다. 이때 무엇보다 잘 관리된 헤어와 깔끔하고 세련된 의상은 상대에게 자연스러운 호감을 불러일으킨다. 아무리 멋있는 의상을 입어도 머리를 감지 않으면 언밸런스해 보일 수밖에 없듯이, 헤어는 패션의 일부이기도 하다. 머릿결은 하루아침에 좋아지지 않기 때문에 자기 관리의 지표가 될 수 있고, 자기 관리가 잘 된 사람들은 삶에 여유가 있어 보인다.

　　다양한 헤어 스타일 중에서 자신에게 어울리는 모양을 찾는게 좋지만, 고급스러운 이미지를 만드는 요인은 한 문장으로 정리할 수 있다. 윤기 있고 건강하며 풍성한 모발이다. 나이가 들수록 자연스레 모발이 가늘어지고 머리숱이 적어지는데, 볼륨이 없어지면 어떤 모양의 헤어 스타일을 해도 볼품없어 보이기 쉽다. 그래서 밋밋한 생머리보다 적당히 볼륨감 있는 스타일이 생기를 불어넣고 우아한 이미지를 강조해 준다.

물론 중년에도 개성 있고 과감한 헤어 스타일을 시도해 볼 수 있지만 자칫하면 다소 언밸런스한 느낌을 줄 수 있다. 얼굴형에 맞는 스타일이나 길이는 디자이너와 상담하여 정하면 좋겠지만 무난하게 실패 없는 이미지를 만들고 싶다면 차라리 머릿결을 집중적으로 관리하고 자연스러운 펌으로 볼륨을 살리기만 해도 충분하다. 중요한 건 나이가 들수록 머리카락도 뿌리가 퇴화해 볼륨이 죽게 되는데, 뿌리가 처지면 얼굴도 같이 처져 보인다는 점이다. 특히 자외선을 피하기 위해 얼굴에 선크림은 잘 바르면서 자외선에 의한 두피 자극은 소홀히 여기는 사람이 많다. 두피가 건강해야 머리카락의 볼륨도 살아난다. 헤어 관리에서 두피 건강을 기본으로 볼륨과 머리숱, 머릿결에 신경 쓰는 것이 가장 중요하다.

나는 샴푸도 신경 써서 고르는 편이고, 두 달에 한 번 정도는 숍에서 트리트먼트 관리를 받는다. 자외선을 받으면 머릿결이 쉽게 상하기 때문에 집에서 늘 에센스를 발라 보호하고 헤어 미스트도 뿌려 준다. 상한 것 같아도 조금 신경 써서 관리하면 또 금방 좋아지는 게 머릿결이다. 피부와 머릿결은 관리해 주는 만큼 금방 회복한다. 머리를 잘 감아도 뿌리 염색을 안 해 전체적으로 지저분하거나 머릿결이 푸석해 보이면 말끔한 의상을 입어도 고급스러운 이미지가 잘 살지 않는다. 머리에 같은 웨이브를 넣어도 트리트먼트가 잘 된 상태에서는 고급스럽고 풍성해 보이지만 머릿결에 영양분이 없어 푸석할 때는 그만한 결과물이 나오기 어렵다.

그래서 오히려 메이크업보다 더 중요한 게 헤어와 의상이다. 메이크업은 피부만 깔끔해도 좋은 인상을 주기 쉬운데, 머리를 감지 않거나 관리가 안 됐으면 고급스러운 이미지와 더욱 멀어지기 때문이다. 윤기 있는 머릿결을 위한 기본적인 관리를 평소에 꼼꼼히 해 주는 것이 중요하다. 헤어 스타일만 신경 써도 훨씬 젊고, 생기 있어 보인다.

피부를 가리지 않는 메이크업

피부 메이크업은 꼭 많은 제품을 사용해야 커버력이나 지속력이 좋아지는 것이 아니다. 오히려 메이크업 단계를 줄이면서 피부에 자연스럽게 맞는 제품을 찾는 게 더 중요하다. 화장으로 단점을 다 가리고 커버한다기보다 내 본연의 얼굴에 조금 더 생기를 불어넣어 준다는 느낌으로 접근하는 것이다. 그래서 피부 화장은 톤을 균일하게 맞춰 주는 정도로 얇게 표현하면서 혈색만 살짝 살릴 수 있도록 메이크업하는 것을 추천한다. 잡티와 주름을 가리려고 두껍게 화장을 하면 오히려 주름을 돋보이게 해 더 나이 들어 보이는 부작용을 낳는다. 물론 여기에 평소 피부와 머릿결 관리를 병행해 주는 것도 중요하다.

나는 보통 세안을 한 뒤에 미스트를 뿌린다. 나이가 들면 피부가 푸석하고 건조해지기 때문에 아로마 에센셜 오일도 꼭 발라 준다. 그리고 에센스와 앰플, 로션을 항상 목까지 같이 바른다. 얼굴에는 좋은 화장품을 잘 챙겨 바르면서 목은 빠뜨리는 경우가 많은데, 목까지 얼굴이라고 생각하며 관리해야 한다. 그리고 그 위에 바로 메이크업을 할 때는 기초 단계에서 크림은 건너뛰는 편이다.

피부 메이크업은 잡티를 가리고 커버하는 목적보다 혈색을 잡아 주는 정도의 제품을 퍼프를 이용해 문지르듯이 결대로 발라 준다. 모공 사이사이를 채워 도자기처럼 매끈해 보이는 피부 표현을 해 주는 것이다. 그다음 마지막에 소량을 살짝 두드려 주면 블러 처리를 한 것처럼 피부가 깨끗해 보인다. 붉은 기가 있는 홍조 부분은 한 번 더 커버해 주지만, 얼굴 가장자리나 목에 가까운 경계 부분까지 꼼꼼하게 커버하지 않는다. 필요한 부분 위주로 얇게 바르고 얼굴 가장자리는 퍼프에 남은 나머지 여분으로 쓸어 주는 정도다. 연출하고 싶은 분위기에 따라 아이 메이크업은 진한 음영 표현을 해 깊이감을 줄 때도 있지만, 색조나 윤곽 블러셔 같은 색조 화장을 진하게 하지 않는 편이다. 자연스러운 메이크업을 해 주는 게 과하지 않고 전체적으로 우아한 이미지를 더해 주기 때문이다.

처음에는 피부를 얇게 메이크업하는 게 스스로 어색하고 견디기 어려울 수 있다. 하지만 가리는 데 집중하는 것이 아니라, 덜 가리면서 내 본연의 피부를 지속적으로 깨끗하게 만드는 데 집중해야 한다. 피부 화장을 두껍게 하다 보면 피부가 안 좋아지면서 점점 더 두꺼운 화장만 하게 되는 악순환에 빠지기 쉽다.

이미지 변신을 위한 액세서리 스타일링

단조로워 보일 수 있는 룩에 포인트가 필요하거나, 피부의 주름과 잡티 등을 보완하고 싶다면 화려한 의상보다 볼드한 액세서리를 활용해 보면 좋다. 스타일링에 주얼리를 추가해 주면 메이크업을 진하게 하지 않아도 은은하고 자연스러운 얼굴에 조명을 밝힌 것처럼 화사한 생기가 더해진다. 또 볼드한 진주나 스카프는 목주름을 보완해 주는 효과도 있다.

평소 잘 입는 의상이 무채색 등의 차가운 컬러라면 실버 주얼리를, 베이지나 브라운처럼 따뜻한 컬러라면 골드 주얼리를 추천한다. 로즈골드는 어떤 의상이나 두루 어울려 활용도가 높다. 또 루비나 에메랄드 같은 컬러 주얼리는 고급스럽고 기품 있는 이미지를 연출해 주는 포인트 아이템이다.

목걸이는 길고 우아한 오페라 기장이 목주름에서 시선을 분산시키고, 상체를 좀 더 날씬해 보이도록 커버해 준다. 턱살이 신경 쓰일 때는 이어링을 활용하는 것도 효과적이다. 일자로 길게 떨어지는 것보다 드롭 스타일로 달랑거리게 하거나 붙는 스타일을 추천한다. 반지도 실반지보다 반짝이고 포인트가 강한 것이 좋다. 예를 들어

마퀴즈 컷 디자인은 굵어진 손가락도 길고 예뻐 보이게 해 준다.

여름에 어울리는 액세서리 코디

바로크 진주

포인트 있는 목걸이

특정 계절에만 할 수 있는 액세서리는 적극적으로 활용해야 한다. 진주 액세서리는 어느 계절이나 어울리지만 일명 '못난이 진주'로 불리는 바로크 진주는 특히 여름과 잘 어울린다. 산호처럼 자유분방한 형태의 바로크 진주에 조개, 불가사리 같은 포인트가 더해진 목걸이나 팔찌를 착용하면 계절감을 더할 수 있다. 여름에는 소매가 짧은 옷을 많이 입기 때문에 시계는 다소 무거워 보일 수 있어 팔찌를 더욱 추천한다.

컬러 비즈도 과감하게 활용해 보면 좋다. 여름에 분홍색, 보라색, 하늘색 같은 컬러 비즈 팔찌나 컬러 핀을 하나 찔러 주면 시원하고 경쾌한 느낌을 줘 분위기가 살아나고 예쁘다.

퍼스널 컬러가 쿨톤인 사람의 경우 여름 주얼리는 화이트 골드나 실버를 착용해야 한다는 고정관념을 가진 사람이 많다. 물론 웜톤인 사람은 골드 주얼리가 잘 어울리지만 특히 무광을 사용하

컬러 비즈 팔찌

컬러 핀

유광 액세서리 1

유광 액세서리 2

면 더 예쁘다. 반짝임이 있는 유광 액세서리는 쿨톤에게도 굉장히 잘 어울리니 꼭 시도해 보기를 추천한다.

여름에만 쓸 수 있는 라피아 햇  은 더운 나라로 휴양지 여행을 갈 때 없어서 안 되는 아이템이다. 뜨거운 자외선으로부터 눈과 두피를 보호할 수 있는 실용적인 아이템이 기도 하지만, 특히 여름에는 가벼운

컬러 선글라스

룩에 모자 하나만 잘 걸쳐 줘도 멋스러운 스타일링이 완성된다. 화이트 뿔테나 하늘색, 베이지색의 컬러 선글라스를 착용하는 것도 시원해 보이는 좋은 포인트가 될 수 있다.

2부 · 기품 있는 중년 스타일링의 비법

겨울에 어울리는 액세서리 코디

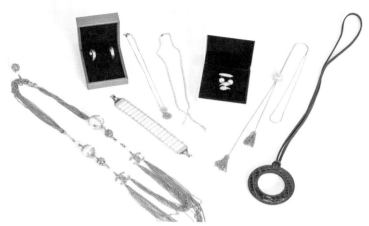

겨울에 어울리는 액세서리

겨울에는 목폴라나 두꺼운 니트류를 자주 입기 때문에 액세서리가 옷에 가려지기도 하고, 어떻게 착용해야 할지 다소 고민스러울 수 있다. 이때는 목걸이보다 반지, 팔찌, 시계, 귀걸이 등으로 포인트를 주면 좋다. 시계와 팔찌를 같이 레이어드해도 멋스러운데, 이때 목걸이나 이어링의 볼륨을 줄이거나 아예 빼는 게 낫다. 필요 이상으로 과한 패션만큼 촌스러운 게 없으니 주의하자.

겨울에는 전체적으로 골드 액세서리를 추천한다. 반지는 가는 것보다 볼드한 스타일을 여러 개 레이어드하면 좋다. 이때 골드와 실버가 섞여도 된다. 귀걸이는 달랑달랑한 드롭 스타일이나 딱 붙는 스터드 타입보다 적당히 볼륨이 있으면서 심플한 링을 착용해보자. 골드 링 이어링이라면 어디에나 착 붙듯이 어울릴 것이다.

누구나 있는 아이템으로 세련되게 연출하는 법

패션의 한 끗 차이는
디테일에서 탄생한다

가끔 연예인들이 같은 옷을 협찬받아 입었는데 서로 다른 분위기를 풍기는 사진으로 화제가 되곤 한다. 물론 체형의 차이도 있겠지만, 같은 옷을 입어도 한 끗 차이의 디테일로 달라 보이는 효과, 그것이 바로 스타일링이다.

분명히 나도 비슷한 옷이 있는데 연예인이 입은 옷이 더 예뻐 보이는 이유도 여기에 있다. 일단 연예인들은 어떤 옷이든 무조건 옷의 핏을 맞춘다. 현장에 있는 스타일리스트들은 대부분 손목에 옷핀을 잔뜩 꽂은 핀봉을 달고 다닌다. 연예인들은 마른 체형이 워낙 많다 보니 옷을 입으면 뒤쪽에서 핏을 맞춰 옷핀을 꽂거나, 곁에서 안 보이도록 소매를 집어 올려 고정하는 등 세밀하게 핏을 조정해야 하기 때문이다. 특히 남자 배우들이 슈트를 입을 때 옷을 받아서 입지 않고 허리, 바짓단, 소매 수선을 필수적으로 한다. 세 벌을 입으면 세 벌 모두 사이즈에 맞게 수선하여 입는 것이다. 정장 팬츠나 슬랙스는 1cm 기장 차이로도 느낌이 달라지고, 같은 옷이라도 핏이 맞는지에 따라 완전히 다른 옷이 되어 버린다.

나는 오프라인 매장에 쇼핑을 하러 갈 때도 핏을 확인하기 위해 꼭 직접 착용해 보고, 사이즈가 애매하면 두 개씩 들고 가서 입어 보기도 한다. 아무리 디자인이 예뻐도 핏이 내 몸에 안 맞으면 원하는 느낌이 전혀 안 나 실패하는 경우가 꽤 있기 때문이다. 사이즈가 S, M, L로 표기되었어도 브랜드마다 실제 사이즈가 다르다. 자신의 사이즈가 S라고 해도 XS, M을 입어 보면서 비교하면 내 몸에 더 예쁘게 맞는 사이즈를 찾을 수 있다.

핏을 맞추는 것이 스타일링의 가장 기본이라면, 같은 옷이라도 어떤 디테일에 변화를 주느냐에 따라 또 다른 이미지를 연출할 수 있다. 예를 들어 검은색 셔츠 한 장이 있다고 하자. 셔츠의 단추를 전부 잠그고 단정하게 입으면 사무실에서 회사원 역할을 하는 보조 출연자에게 입힐 수 있다. 그런데 같은 셔츠를 회사 대표 역할 출연자에게 입혀 보면 어떨까. 단추를 살짝 풀고 소매를 걷거나, 손목에 비싸 보이는 시계를 차면 부유하고 프로페셔널해 보이는 인물에게도 자연스럽게 어울린다. 또 목에 스카프를 하나 둘러주고 안내데스크에서 일하는 직원처럼 연출해 줄 수도 있을 것이다. 같은 셔츠도 단추를 몇 개 잠그고 어떤 액세서리를 더해 주느냐에 따라 분위기가 천차만별로 달라진다.

스타일링의 한 끗 차이는 바로 디테일에서 탄생한다. 똑같은 옷을 입어도 어떤 감성으로 연출하느냐에 따라 전혀 다른 이미지가 나타나는 것이다. 이런 패션 센스나 감성을 키우고 디테일을 잡는 감각을 배우려면 평소에 사진을 많이 보는 것이 가장 좋다. 각 잡힌 화보보다 핀터레스트와 같은 사진 공유 플랫폼에서 일반 스트리트 패션을 많이 접하는 게 영감을 얻는 데 큰 도움이 된다.

스커트 기장의 비밀

원피스는 코디하기 가장 쉬운 룩 중의 하나다. 특히 스커트의 길이에 따라 확연히 다른 이미지를 드러낼 수 있다. 미디 기장의 스커트는 단정하고 강직한 느낌을 주기 때문에 신뢰감을 주기 위한 면접룩으로 많이 활용된다. 발목까지 오는 맥시 기장의 원피스는 더욱 성숙한 느낌을 주면서 고급스럽고 세련된 이미지를 연출한다. 맥시 기장 스커트를 입을 때 벨트로 허리에 포인트를 주고, 하이힐로 맥시 기장이 더욱 돋보이게 해 주면 좋다. 섹시한 느낌을 주고 싶을 때도 짧은 스커트보다 슬릿이 들어가 걸을 때만 다리 라인이 보이는 스커트가 훨씬 고급스럽다.

고급스러운 니트 연출 방법

봄, 가을에는 깔끔한 셔츠에 니트 한 장만 걸쳐 줘도 멋스러워 보인다. 일반적으로 셔츠를 묶는 방법은 젊어 보이긴 하지만 잘 풀려 흘러내리기도 하고 고급스러운 느낌이 덜하다. 이 방법으로 묶어 주면 좀 더 차분하면서 고급스러운 분위기를 연출할 수 있으니 추천한다. 겨울에는 이렇게 니트를 걸쳐 주면 보온 효과도 있다.

다양한 이미지를 연출하는 셔츠 스타일링

봄, 가을에는 원단이 좋은 셔츠 한 장만으로 다양하게 연출하기 좋다. 셔츠는 캐주얼한 룩도 고급스러워 보이게 하는 마법 같은 효과가 있는 아이템이다. 특히 화이트, 블루, 스프라이트 셔츠는 가장 기본인 만큼 옷장에 꼭 갖춰 두기를 추천한다.

단추를 다 잠그지 않고 내추럴하게 풀어 줘도 되고, 바지에 넣어 입지 않고 한쪽만 넣거나 앞쪽만 넣는 등 다양하게 연출할 수 있다. 오버 셔츠는 몸에 안 맞아 보일 수 있어서 소매를 걷어 주면 좋고, 가디건처럼 연출해도 예쁘다. 볼드한 액세서리도 잘 어울리고, 하얀 셔츠에 스카프를 액세서리처럼 활용해도 과하지 않으면서 자연스러운 포인트가 된다. 여름에는 셔츠의 소매가 길면 보는 사람까지 더워 보이니 단추를 풀어 루즈하게 두거나 한두 번 말아 올려 준다. 5부 소매로 깔끔하게 접으면 잘 내려가지 않으면서도 시원해 보인다.

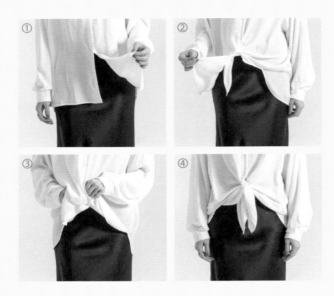

셔츠 매듭 방법 1

하이웨스트나 테이퍼드 진에 셔츠를 묶어 연출하면 좀 더 생기 있는 분위기를 줄 수 있다. 셔츠를 묶는 방법도 다양한데, 디테일을 결정짓는 한 끗 차이로 더 풍성한 룩을 연출할 수 있으니 시도해 보자. 휴양지에서 마린룩이나 수영복 위에 셔츠를 걸치고 매듭을 묶어 줘도 예쁘다.

셔츠 매듭 방법 2

캐주얼하기보다 좀 더 우아한 느낌을 줄 수 있는 매듭 방법이다. QR 코드 속 영상처럼 실크 스커트에 셔츠를 넣어 매듭지으면 스커트의 청순한 면을 한층 돋보이게 해 준다.

겨울 패션에서 빠질 수 없는 롱 코트는 클래식한 듯 멋스러운 느낌을 주는 아이템이다. 하지만 막상 이너는 어떻게 입고 슈즈는 뭘 신어야 할지 고민될 때가 있다.

　롱 코트 특유의 무드를 살리면서 럭셔리한 느낌을 주고 싶을 때 실패 확률이 없는 추천 코디는 기장이 길고 통에 여유가 있는 스타일의 정장 팬츠와 매치하는 것이다. 길게 착 떨어지는 코트에 맞게 하의에도 무게감이 실리면서 어깨부터 발끝까지 선이 스트레이트로 떨어지며 포멀하고 키가 커 보이는 효과가 있다.

　상의는 목폴라 니트를 매치해 보자. 몸에 딱 맞는 스타일도, 여유 있는 스타일도 모두 무난하게 어울린다. 만약 목이 드러나는 라운드 넥을 매치한다면 머플러나 스카프를 함께 코디해야 전체적으로 무게감이 유지되면서 어딘가 비어 보이지 않는다. 슈즈는 스웨이드 소재를 선택하면 더 포근해 보이고 잘 어울린다.

코트 벨트 매듭 방법 1

코트를 입을 때 벨트를 어떻게 두느냐에 따라 다른 느낌이 난다. 특히 벨트가 짧아 애매하다 싶을 때 이렇게 연출해 보자. 벨트를 한 손으로 잡아 마디를 만들고 끝을 마디 안쪽으로 빼준 뒤, 반대쪽 벨트도 매듭으로 통과시켜 주면 된다. 여기서 중요한 점은 교차해 잡아당길 때 처음 매듭지은 쪽은 아래로, 뒤로 넣어 준 쪽은 위로, 서로 사선이 되도록 잡아당겨야 모양이 예쁘게 나온다. 간단하면서도 고급스러워 보이는 방법이다. 바지 벨트도 동일한 방식으로 연출해 보기를 추천한다.

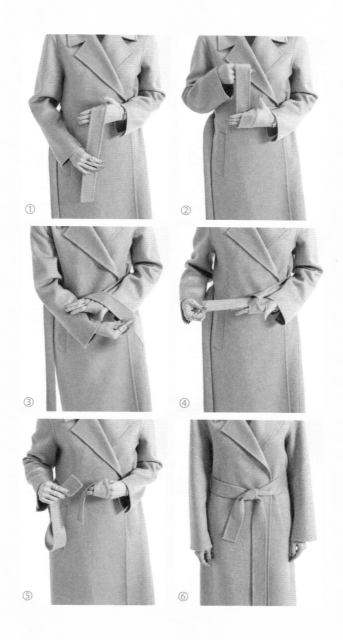

코트 벨트 매듭 방법 2

코트의 긴 벨트를 처리하기 난감해 주머니에 쏙 넣고 다닌 기억이 있다면, 앞으로 이 방법으로 연출해 보자. 자연스럽게 매듭지어 묶어 주는 것만으로 한층 세련되고 고급스러운 분위기를 만들 수 있다.

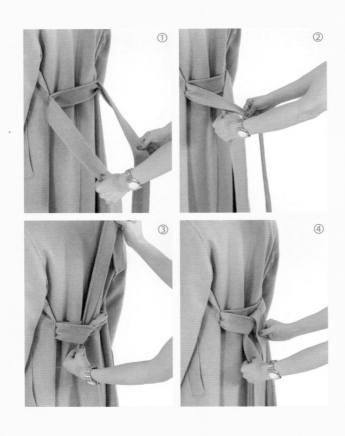

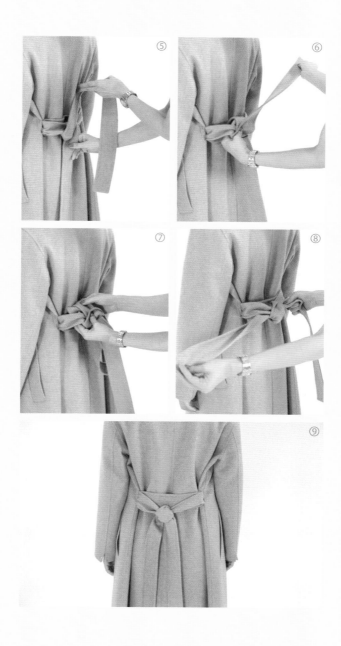

코트 벨트 매듭 방법 3

굉장히 쉬운데 의외로 모르는 사람이 많은 매듭 방법이다. 벨트를 한 번 묶어 한쪽을 접어 빼 준 다음, 벨트 끝 쪽 두 개를 고리 안쪽으로 넣어 잡아당겨 준다. 일부러 풀지 않으면 절대 풀리지 않고, 매듭 하나만으로도 스타일리시해 보이는 유용한 방법이다.

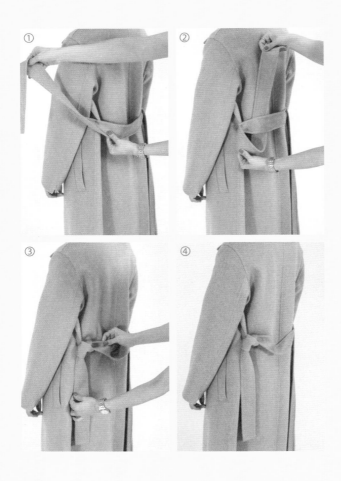

고급스러운 룩을 완성해 주는
마지막 터치

진열대에 화려하게 늘어진 스카프들을 보고 컬러감이나 프린트가 마음에 드는 것을 골라 구매했다가, 마땅히 매치하지 못해 오랫동안 방치한 경험이 한 번쯤 있을 것이다. 연출할 수 있는 다양한 방법을 알아 두기만 한다면 스카프는 사이즈와 소재에 따라 활용도가 정말 다양한 아이템 중 하나다. 오늘의 스타일링에 마지막 터치로 올려 주면 색다른 분위기를 낼 수 있을 것이다.

사이즈가 작은 쁘띠 스카프는 목뿐만 아니라 허리, 손목, 헤어, 그리고 가방에 가볍게 묶어 주어도 단조로운 룩에 포인트가 된다. 90×90cm 정도 큰 사이즈의 스카프도 존재감을 뽐내며 얼굴에 생기를 더해 주고 멋스럽게 룩을 완성하는 효과적인 아이템이다. 연말에 블랙 상의에 화려한 실크 한 장만 더해 주면 지나치지도 부족하지도 않은 조화롭게 아름다운 룩이 완성된다. 실크 재질의 스카프는 정장 자켓이나 셔츠처럼 갖춰 입은 듯한 느낌을 주면서 한층 고급스러운 룩을 완성시켜 준다. 나도 계절을 가리지 않고 늘 애용한다.

스카프를 고를 때 몇 가지 팁이 있다면, 첫 번째는 자신의 퍼스널 컬러를 고려하는 것이다. 스카프는 보통 얼굴과 제일 가까이 위치하기 때문에 얼굴색과 컬러가 맞지 않으면 칙칙해 보이고, 반대로 퍼스널 컬러로 연출하면 얼굴에 조명이 켜진 듯 화사해 보이는 효과가 있다. 만약 얼굴과 잘 맞지 않는 컬러라면 허리나 가방 등 다른 곳에 포인트로 연출하면 된다.

두 번째 팁은 스카프의 용도와 사이즈를 고려하는 것이다. 목에 두를 작은 스카프인지, 좀 더 큰 숄 사이즈로 활용하고 싶은지, 가방에 맬 것인지에 따라 사각, 삼각, 마름모, 트윌리 등의 모양을 정하면 된다. 이때 자신의 체구와 맞는 사이즈를 선택하는 것이 좋다. 예를 들어 체구가 작은 편인데 목에 두를 스카프를 찾는다면 90cm 사이즈의 사각 스카프보다 마름모, 삼각 모양이 더 얄팍해서 활용하기 편할 수 있다.

참고로 실크 스카프가 망가질까 봐 상자에 곱게 접어 넣어 보관하는 경우가 있는데, 막상 상자에 두면 눈에 보이지 않아 자주 손이 가지 않게 된다. 또 매번 접힌 주름을 다려야 한다는 점도 번거롭다. 세탁소 바지 걸이를 이용해 최대한 펼쳐 걸어 두는 것을 권장한다. 생각보다 흘러내리거나 늘어지지 않고, 매번 다려 줄 필요도 없어 편리하다. 되도록 그늘지고 습기가 없는 곳, 먼지가 없는 곳에 보관해야 변색이 되지 않는다.

TIP 쁘띠 스카프 스타일링 방법

쁘띠 스카프 스타일링 1

삼각 스카프는 사각 스카프에 비해 얄팍해서 부담없이 활용하기에 더 좋다. 가볍게 목에 한 바퀴 감아도 되지만, 느슨하게 늘어뜨려 실크의 흐르는 느낌을 살리도록 연출하는 것도 좋다. 목을 조이듯 둘러매는 것보다 착용감이 더 편안하기도 하고, 예쁜 프린트를 살려 스타일링할 수 있는 방법이다. 대비가 강한 컬러에 세련미를, 청순한 컬러에 사랑스러움을 한층 더해 준다.

쁘띠 스카프 스타일링 2

조금 더 젊어 보이는 스타일의 매듭 방법이다. 조금 난이도가 있어 연습이 필요하지만 프린트의 컬러감, 실크의 흐르는 느낌까지 고급스럽게 살릴 수 있는 스타일이다. 베이직한 셔츠나 캐시미어 니트 위에 연출해 보기를 추천한다.

TIP 정사각형 스카프 스타일링 방법

까레 스카프 스타일링 1

90×90 사이즈의 정사각형 스카프로 내가 가장 즐겨 하는 스타일이다. 조금 복잡해 보이지만 한번 익혀 두고 나면 쉽게 할 수 있다. 작은 고무줄로 고정하는데 매고 나면 고무줄은 보이지 않는다. 반으로 접어 부채 접듯이 끝을 접어 주고 끝부분은 남겨 놓는 것이 중요하다.

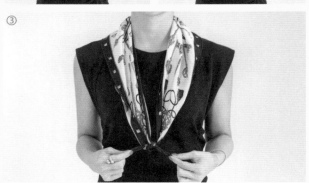

까레 스카프 스타일링 2

정사각형 스카프를 반으로 접은 뒤 머리에 두르고 뒤쪽에서 한 번 묶어 주는 연출 방법이다. 어딘가 이국적인 느낌을 주면서도 후드 스타일로 보온 효과가 높다는 점이 장점이다.

까레 스카프 스타일링 3

에르메스 본사에서 알려 주는 가장 대중적인 연출 방법이다. 가벼운 니트나 화이트 셔츠와 잘 어울린다. 자칫 단조롭거나 칙칙해 보일 수 있는 룩에 연출하여 생기를 더해 주자.

트윌리 스카프를 매는 방법은 다른 스카프에 비해 다양하지
않고, 특히 길이가 짧은 건 더욱 까다롭다. 목에 간단히 두르
더라도 매듭이 좀 더 풍성해 보이는 방법을 사용하면 얼굴을
환하게 밝히는 포인트가 되어 준다.

트윌리 스카프 스타일링 1

트윌리 스카프는 대체로 길이가
짧기 때문에 목이 긴 체형에는 잘
어울리지만 그렇지 않다면 다소
답답해 보일 수 있다. 그래서 스
카프의 프린트가 잘 보이도록 링
을 활용해 연출하는 것을 추천한
다. 양쪽 길이를 언밸런스하게 하
는 것이 세련돼 보인다.

트윌리 스카프 스타일링 2

트윌리 스카프를 둘렀을 때 목이
답답해 보이는 점을 보완한 방법
이다. 이 방법은 목걸이에 고정되
기 때문에 모양이 쭉 유지된다는
장점이 있다.

 트윌리 스카프 활용 방법

트윌리 스카프 스타일링 3

반지를 끼워 목걸이처럼 연출해
보자. 목에 초커를 매는 방법과
달리 트윌리의 프린트를 전체적
으로 보여 줄 수 있고, 얼굴이 작
아 보이는 효과도 있다.

맥시 트윌리 스타일링

폭도 넓고 길이가 긴 맥시 트윌리
는 리본으로 매는 경우가 많지만
리본보다 풍성한 형태의 스타일
로 연출하는 방법도 있다. 은근히
화려한 매력이 있어 파티룩에도
잘 어울린다.

TIP 빅사이즈 숄 스타일링 방법

빅사이즈 숄 스타일링 1

숄은 아무렇게나 둘러도 자연스러워서 활용하기 좋은 아이
템이지만, 평소 칭칭 두르기만 했다면 가끔은 다르게 연출해
보자. 개인적으로 목에 둘렀을 때 어깨 한쪽을 덮으면서 다른
한쪽은 더 길게 늘어뜨리는 스타일을 좋아한다. 모임이나 특
별한 자리에서 롱 원피스 위에 걸쳐도 좋고, 판초처럼 두꺼운

재질의 숄이라면 외투를 입기 애매한 간절기에 청바지나 팬츠 위에 걸쳐도 멋스럽다.

빅사이즈 숄 스타일링 2

재봉 기술이 없던 시절에 스카프 같은 큰 천 하나로 몸을 둘러 옷처럼 입었던 것처럼, 이국적인 휴양지 분위기를 내고 싶을 때 자연스럽게 두르면 세련미를 더한 연출을 할 수 있다.

2부 • 기품 있는 중년 스타일링의 비법

빅사이즈 숄 스타일링 3

이 스타일링 방법은 무척 간단하다. 목에 두르고 앞에서 한 번 꼬아 묶어 주면 완성이다. 어디에나 멋스럽게 잘 어울리는 스타일링 방법이다.

TIP **가방 스트랩 스카프 매듭 방법**

스카프 매듭 방법 1

가방 손잡이에 스카프를 돌돌 마는 방법은 잘 알려졌지만 좀 더 특별하게 활용하고 싶을 때 두 줄로 땋아서 감아 보면 좋다. 그냥 말아 감을 때는 밋밋했던 느낌을 땋아 감으면 더욱 볼륨감도 생기고 우아한 느낌을 더해 줄 수 있다.

스카프 매듭 방법 2

보통 가방 스트랩에 스카프를 감고
따로 백참을 다는 경우가 많은데,
스카프를 이용해 백참을 만들 수도
있다. 스카프를 반 접어 스트랩에
걸어 준 뒤, 세 가닥을 잡고 땋으면
된다. 반 접은 짧은 쪽 스카프를 거
의 다 땋았을 무렵 끝 고리에 스카
프 한 줄을 넣고 고정하면 완성이다. 스카프의 포근한 느낌에
백참의 화려함이 더해져 센스 있는 연출이 가능하다.

스카트 매듭 방법 3

이 방법에서 가장 중요한 점은 손잡
이에 스카프를 감을 때의 간격이다.
적당한 간격을 규칙적으로 유지하
며 감아 주어야 예쁘다. 다만 기장
이 긴 스카프라면 간격을 갈수록 좁
혀서 감아야 나에게 맞는 적당한 길
이감을 찾을 수 있다.

스카프 매듭 방법 4

두 가닥을 모두 오른쪽으로 꼬은 뒤
한 번 더 꼬아 주고, 중간 정도까지
왔다면 반대편 고리에 넣고 리본으
로 매듭지어 마무리한다. 흔하지 않
으면서도 누구나 한 번씩 시선이 더
가게 되는 매듭 방법이다.

스카프 매듭 방법 5

스카프를 세 번 접은 뒤, 가운데에 나비 주름을 만들어 준다. 오른쪽 여분 쪽을 나비 주름 가운데 아래쪽부터 한 바퀴 돌려 감고, 뒤쪽 고리에 끼워 당겨 리본을 만들어 준다. 오른쪽 리본 끝을 가방 고리에 끼워 리본 뒤쪽의 고리로 통과해 마무리하면 된다.

스카프 매듭 방법 6

스카프를 가방 손잡이에 전체적으로 감싸는 방법이다. 변색을 막아 주면서도 마지막 매듭이 우아한 포인트가 되는 매듭 방법이다. 개인적으로 내가 가장 좋아하는 매듭 방법이기도 하다.

스카프 매듭 방법 7

스카프 두 가닥을 각각 중앙 방향으로 말아 주고 두 가닥을 한 번 더 엮어 준다. 1/3 정도 엮어 내려왔다면 한 번 묶어서 리본으로 마무리하면 된다. 너무 길게 내려오면 리본이 작아지고 아래로 떨어져 보여서 예쁘지 않으니, 리본의 양을 여유 있게 남겨 주는 것이 좋다.

나이 들수록 귀티 나는 관리 비결

자연이 주는
건강한 식사의 혜택을 누리자

아침에 일어나 아이를 학교에 보내고 난 뒤 항상 따뜻한 차를 한 잔 마시는 게 나의 평소 루틴이다. 여름에도 얼음이 들어간 음료는 잘 먹지 않고 따뜻한 차를 즐기는 편인데, 향긋하게 아침을 깨우면서 천천히 몸을 데워 주는 느낌이 좋다.

많은 현대의 직장인들처럼 나도 예전에는 아침부터 하루에 몇 잔씩 커피를 마시곤 했다. 그러다 보니 밤에 잠을 잘 못 자 충분한 숙면을 못 취하니 다음 날 피곤해서 다시 카페인에 의존하는 악순환이 반복됐다. 병원에서도 카페인을 줄이도록 권유해 지금은 아예 커피를 끊고 내 몸에 좋은 차를 찾아 마시는 습관을 들이게 됐다. 아침에 한 잔 마시고, 텀블러에도 따뜻한 차를 담아 들고 다니며 수시로 마시는데, 자연스레 수분 섭취를 많이 하게 되는 효과가 있다. 내가 마시는 차는 허브 몇 종류와 한방 재료 몇 종류가 섞인 제품이다. 차 중에 카페인이 든 종류가 많기 때문에 일부러 카페인이 없는 종류를 찾아 선택했다. 나처럼 카페인에 약한 사람은 커피 대신 자신의 몸과 입맛에 맞는 차를 이것저것 시도해 보기를 권한다. 중국 사람들도 기름진 식사를 하며 보이차를 많이 마셔서 건강을 유지한다는데, 맹물을 먹기 힘든 사람도 차로 마시면 수분을 많이 섭취할 수 있고 건강에도 좋은 효과를 준다.

　나는 보통 아침 식사로 가볍게 단백질 셰이크에 그래놀라를 먹는 것을 좋아한다. 나이가 들면 근육이 금방 빠지기 때문에 단백질은 항상 의식적으로 섭취해 줘야 한다. 그래서 간단히 먹을 수 있는 단백질 셰이크는 항상 집에 구비해 두는 편이다. 집에 있는 재료로 샐러드를 만들어 먹는 날도 많다. 잎채소에 달걀이나 감자, 두부, 아보카도 같은 토핑을 적당히 올려 올리브유나 발사믹 식초를 뿌려 먹는 샐러드다. 샐러드에 그릭 요거트, 그릭 요거트에 그래놀라, 혹은 단백질 셰이크에 그래놀라를 함께 먹는 식으로 조합에 변화를 준다. 점심 식사는 특별히 종류를 가리지 않는 대신 양을 조절하면서 맛있게 한 끼를 먹고, 저녁은 다시 단백질 셰이크에 그래놀라로 간단히 마무리할 때가 많다. 만약 점심을 바빠서 걸렀다면 저녁에 공을 들여 맛있는 한 끼를 차려 먹기도 한다.

　평소에는 식단 자체를 크게 제한하지 않는 편이지만, 여름 의류 촬영을 앞두고 타이트하게 관리를 해야 하는 시즌에는 최대한 가볍게 먹으려고 한다. 요즘은 아침, 저녁에 비타민이 듬뿍 담긴 ABC 스무디와 단백질 셰이크를 식단 삼아 챙겨 먹으면서 디톡스에 집중한다. 내가 즐기는 식단이 다소 단조로워 보일 수 있지만, 20대 후반부터 최대한 신선한 음식을 찾아 먹다 보니 입맛 자체가 바뀌었고, 지금의 식단이 만족스럽다. 여행을 가면 아침부터 조식 뷔페에서 화려한 음식들을 먹게 되는 날도 있지만, 단백질 셰이크와 그래놀라를 챙겨 먹지 않으면 어딘가 허전할 정도다.

부모의 식습관이 자녀에게도 영향을 주기 마련인데, 그래서인지 우리 아이도 입맛이 꽤나 건강한 편이다. 당도 높은 요거트보다 그릭 요거트에 꿀을 올려 자연의 맛을 즐기고 다른 첨가물을 넣지 않은 파프리카나 오이, 당근이 가진 본연의 단맛을 느끼며 잘 씹어 먹는다. 결국은 익숙한 음식을 더 맛있게 즐기게 되는 듯해, 건강한 식습관의 중요성을 새삼 느끼게 된다.

과거에는 이래도 되나 싶을 정도로 영양제를 종류별로 챙겨 먹던 시기도 있었는데, 지금은 유산균이나 비타민C 정도만 간단히 챙겨 먹는다. 우리 몸에 필요한 영양소는 결국 음식에 다 포함되기 때문에 최대한 자연에 가까운 건강한 음식으로 섭취하려고 노력하는 편이다. 잘 익은 아보카도와 좋은 올리브 오일에 오메가 3, 6, 9가 다 포함되었고, ABC 스무디에 들어가는 채소와 과일에는 비타민을 비롯한 각종 영양소가 풍부하게 담겼다.

사람마다 몸과 건강 상태가 다르기 때문에 식단에 명확한 정답은 없겠지만, 자연에서 얻을 수 있는 천연의 혜택은 누구나 적극 누리지 않을 이유가 없다. 죄책감 없는 건강한 식단은 내 몸이 깨끗하고 건강하게 유지될 수 있는 가장 쉬운 길이다.

옷 태가 예뻐지는 운동

내가 매일 단백질 셰이크를 의식적으로 챙겨 먹기 시작한 습관은 20대 후반에 운동을 시작하면서부터다. 요즘에는 일반인 사이에서도 바디 프로필이 유행할 정도로 운동을 향한 관심이 전반적으로 높아진 분위기지만, 운동을 해야 한다는 생각을 하면서도 막상 실천에 옮기고 일상적인 루틴에 넣는다는 게 쉬운 일은 아니다. 특히나 직장을 다니고 아이까지 키우다 보면 운동은 '나중에 시간이 날 때 하자'며 뒷전으로 미루기 일쑤다. 그런데 중년 이후 매해 근육량이 1%씩 줄어든다고 한다. 나이가 들면서 몸이 예전과 다르고 체력이 떨어진다고 느끼는 이유 중 하나는 근육이 감소하고 기초 대사량이 떨어지기 때문이다. 자차로 출퇴근을 하는 직장인들은 사실상 걷는 시간이 10분도 채 되지 않는 경우가 많다. 일상 속에서 활동량이 적은데 운동을 따로 하지 않으면 체력이 떨어져 점점 더 활동하기 어려운 몸이 된다.

운동을 꾸준히 하려면 시간을 내 억지로 하는 것이 아니라, 일보다 운동이 중요하다는 마음이 필요하다. 물론 기본적인 체력과 건강 때문이기도 하지만 운동을 하며 내 몸을 건강하게 가꾸는 노력을 해 주면 궁극적으로 일이나 생활 속에서도 긍정적인 시너지가 난다. 사람들을 만날 때 더 자신감이 붙고, 일을 할 때도 체력이 뒷받침되면서 건강한 에너지가 나오는 것이다.

재미를 붙여 꾸준히 할 수 있다면 어떤 운동이라도 좋지만, 관절이 아픈 사람이나 출산을 하고 산후조리를 하는 사람에게 아쿠아 에어로빅을 강력 추천한다. 나도 임신을 하고 출산 후에 관리하는 동안 아쿠아 에어로빅을 했는데 몸에 크게 무리가 가지 않으면서도 건강한 에너지를 얻을 수 있어 큰 도움이 됐다. 아직 너무 근육이 없거나 탄력이 부족하다고 느끼는 사람은 헬스부터 시작해 몸에 근육의 토대를 만들어 주는 게 좋다. 물론 집에서 운동을 할수도 있고, 가정용 기구를 활용할 수도 있겠지만 운동을 처음 시작할 때는 강제성이 있는 것이 운동을 지속적으로 이어나가는 데 도움이 되기 때문에 가능하면 PT를 등록하는 것이 좋다.

나는 30대까지 헬스를 했는데, 몸 자체가 타고난 근육형이다보니 헬스를 하면 몸이 너무 우락부락해지는 느낌이 들어 지금은 필라테스를 즐겨 한다. 여성들이 아이를 낳고 나면 코어 힘이 사라지고 자세가 변형되는데, 필라테스는 속 근육을 키워 자세의 정렬을 맞춰 주기 때문에 건강은 물론이고 옷 태가 전보다 나아진 것을 경험할 수 있다.

무엇보다 운동은 자기 관리의 효능감을 가장 직관적이고 강렬하게 안겨 주는 활동이다. 무기력하거나 자존감이 떨어질 때도 벌떡 일어나 운동을 하는 건 언제나 훌륭한 길잡이가 되어 준다. 꼭 다이어트 목적이 있지 않더라도 나 자신을 위해 땀 흘리는 시간을 갖도록 해 보자.

집에서도 에스테틱처럼 관리할 수 있다

평소에 내가 받는 피부 시술이 무엇인지 질문을 받는 일이 많다. SNS 라이브 방송을 켜면 관련 문의가 쏟아진다. 그런데 나는 피부가 예민해 생각보다 피부과 시술을 잘 받지 않는다. 대신 일상 속에서 홈케어를 열심히 하는 편이다. 마치 교과서 같은 대답이지만, 피부가 좋은 사람에게 비결을 물어 보면 대부분 비슷한 이야기를 할 것이다. 아무리 비싸고 좋은 시술을 받는다고 해도 그것만으로 피부가 마법처럼 좋아질 수 없다. 피부과에서 시술이나 레이저를 받아 빠르게 피부 고민이 해결된다면 편리하겠지만, 평소에 피부를 돌보지 않으면 특정한 관리를 받는 것으로 갑자기 피부가 좋아지거나 탄력이 생기지 않는다. 피부는 우리가 먹는 음식, 생활 습관, 건강 상태 등 복합적인 요인에 영향을 받기 때문에 기본적으로 생활 속에서 꾸준히 관리를 해야 한다. 홈케어는 피부과에서 받는 특별 관리를 거들어 주는 개념이 더 정확할 듯하다.

예전에는 피부과에서 레이저 시술 후에 피부 관리 프로그램을 연계해 주는 경우가 많아서, 20대 무렵 피부과에 마사지를 받으러 자주 갔다. 그런데 팬데믹을 겪고 인건비가 오르면서 대부분의 피부과 관리 프로그램들이 사라졌다. 그러다 보니 시술만 받고 그 후에 따로 집에서 관리하는 부분을 소홀히 하는 사람이 많다. 사실 더 중요한 것은 집에서 매일 할 수 있는 관리 루틴을 만들어 보는 것이다.

중년 여성들은 피부가 쉽게 건조해지고 탄력이 떨어지기 때문에 수분과 영양을 충분히 넣어 주는 것이 중요하다. 기능성이 높으면서 자극적이지 않은 제품을 사용하고, 좋은 성분을 더 깊게 흡수시킬 수 있도록 뷰티 디바이스를 적극 활용하는 것을 추천한다. 요즘엔 에스테틱의 전문 피부 관리사들이 사용하는 제품도 인터넷으로 구매해 사용할 수 있어 조금 신경 쓰면 얼마든지 집에서도 높은 수준의 피부 관리를 할 수 있다. 에스테틱 브랜드만 판매하는 편집숍도 많이 생겼는데, 가격대가 비싼 편이지만 제품의 종류도 많고 효과도 훨씬 좋다.

나는 주로 앰플, 각질 제거제(필링젤), 모델링 마스크팩 같은 아이템을 구매해 사용한다. 에스테틱에 가면 관리의 꽃이 바로 모델링 마스크팩이다. 요즘에는 시트팩 외에 모델링 마스크팩을 쉽게 구매할 수 있다. 집에서 앰플을 바르고 그 위에 모델링 마스크팩을 해 주면 피부가 맑아지는 효과를 바로 느낄 수 있다. 집에서 하는 피부 관리는 어려워서가 아니라 귀찮아서 못 하는 경우가 있다. 하지만 피부 관리는 하는 만큼 결과가 나온다. 어쩌다 한 번씩 날을 잡고 비싼 관리를 하는 것보다 평소에 숨 쉬듯 꾸준히 관리해 주는 것이 좋은 피부를 만들고 유지할 수 있는 비결의 핵심이다.

나만의 특별한 케어 루틴

나만의 특별한 피부 루틴이 있다면 바로 '아로마'다. 20대 후반 무렵부터 지금까지 얼굴은 물론이고 두피, 전신까지 아로마 제품을 꼭 사용한다. 나는 영양제보다 채소나 과일 등의 식재료에서 영양소를 섭취하려고 하고, 되도록 자연에 가까운 건강한 음식을 먹으려고 한다. 이렇듯 피부에 사용하는 제품도 화학 제품보다 천연에 가까울수록 건강하다고 생각하는 나의 신념이 있다.

아로마는 주로 꽃이나 허브의 잎, 뿌리, 줄기 같은 자연에서 추출한다. 지금처럼 좋은 화장품이 많지 않았던 고대 시절에 클레오파트라도 아로마를 사용했다고 한다. 천연 화장품으로 쓰였을 뿐만 아니라 화상이나 상처에 바르고, 호흡으로 향을 들이마셔서 정신적인 치유를 꾀하는 데 사용했다고 하니 일종의 천연 의약품이라고 할 수 있을 것이다.

우리가 일반적으로 사용하는 화장품에도 아로마 에센셜 오일이 들어간 제품이 많은데, 천연 원료의 비중이 얼마나 높은지에 따라 가격대가 천차만별로 달라진다. 예를 들어 유명한 라프레리 캐비어 크림은 100만 원이 넘는 금액을 호가하는데 실제 캐비어가 원료로 들어가니 가격이 비싸질 수밖에 없다.

아로마 오일의 종류나 효능이 다양하기 때문에 탄력, 혈액 순환, 항산화, 림프 순환, 셀룰라이트 제거 등 다양한 용도로 사용한다. 예를 들어 하체 부종을 빼 주고 싶을 때는 아로마 오일을 넣고 반신욕을 하기도 한다. 평소 기초 케어 단계에서 세안 후 제일 먼저 뿌리는 미스트에도 아로마 오일 성분이 있다. 미스트를 뿌리고 나서 아로마 오일, 에센스, 크림 정도로 기초 단계를 간단하게 하는 편이다.

우리가 얼굴이나 몸에 바르는 제품은 신경 쓰면서도 쉽게 놓치는 부분이 두피다. 얼굴 탄력의 80%는 두피에서 좌우되기 때문에 두피가 노화되면 얼굴을 리프팅해도 소용없다. 그래서 나는 두피에도 아로마 오일을 사용하고, 괄사로 마사지를 해 두피를 풀어 준다. 괄사는 다이소에서 판매하는 저렴한 제품을 써도 충분히 좋다. 컴퓨터 근처나 화장대 위에 올려놓고 생각날 때마다 수시로 문질러주는 편이다. 얼굴에 괄사 마사지를 하는 것처럼 두피도 마사지하고 스트레스를 줄여 줘야 결국 얼굴 피부에도 같이 탄력이 생긴다. 샴푸를 하기 전에도 두피에 아로마 오일을 바르고 20분쯤 후에 씻어 주면 좋다. 두피에 열감이 있으면 노화가 빨라지기 때문에 머릿속까지 시원하게 열감이 떨어질 수 있도록 신경을 써 준다. 실제 내 추천대로 사용했을 때 샴푸만 했을 때와 확실히 느낌이 다르다는 사람이 많았다. 연세가 있는 분들은 점점 머리 뿌리 볼륨이 처지고 숱이 줄어드는데, 두피가 건강해야 볼륨도 살아난다.

　　사람마다 자신에게 맞는 화장품이나 관리 루틴이 있겠지만 기본적으로 음식이나 화장품이나 자연과 가까운 방식이 우리 몸에 편안하고 건강하지 않을까 싶다. 다만 정말 중요한 건 내가 좋아하는 것들을 가까이 두고, 나 자신을 꾸준히 챙기고 돌봐 주는 것이다. 나를 보살핀다는 느낌의 그 짧은 루틴이 나 자신을 더 소중한 사람처럼 여기게 만든다.

감정을 살피는 멘탈 관리 방법

나이가 들면 얼굴에 책임을 져야 한다는 말이 있다. 피부나 탄력을 의미하는 것이 아니라, 자주 쓰는 얼굴의 근육에 따라 얼굴의 표정과 느낌이 변화한다는 이야기다. 세상에 스트레스 없는 사람이 어디 있을까. 긍정적인 마인드로 살아가는 게 좋다는 것은 누구나 알지만, 실제로는 일과 인간관계 등의 스트레스에 휩쓸리고 부정적인 생각을 하게 되는 순간들이 많다. 나도 최근에 일을 하며 내 마음대로 풀리지 않는 부분도 많고, 무례한 사람들을 만나게 될 때마다 원치 않게 몸과 마음이 힘들 때가 있었다. 그런데 예전에 이런 이야기를 들은 적이 있다. 어떤 스님이 누가 자신에게 욕을 하는데도 평온한 얼굴을 하고 계셔서 이유를 물었더니, "저 사람의 말에 반응하면 내가 그 말을 받은 것이 되지만, 반응하지 않으면 그건 그 사람 것이다."라고 하셨다는 것이다. 마치 누군가 주는 선물을 받으면 내 것이지만, 받지 않으면 내 것이 아닌 것처럼 말이다.

우리가 부정적인 감정을 느끼는 원인은 보통 외부에서 오지만, 그 원인을 어떻게 받아들일지 결정하는 것은 우리 자신의 몫이다. 그래서 때로 똑같은 일이 발생해도 내 기분에 따라 그리 나쁘지 않게 받아들이기도 하고, 또 나에게 중요한 문제가 누군가에게 대수롭지 않은 문제로 여겨지기도 한다. 결국 감정은 어느 정도 나의 결정에 달린 것이다. 그래서 나도 타인의 무례한 말이나 행동에 감정을 실어 대응하기보다 그저 선을 긋고 그 감정에 함께 빠져들지 않으려고 노력한다.

다소 냉정해 보일 수 있지만, 나는 항상 내 감정을 객관적으로 살피고 예의주시하는 편이다. 화가 났을 때 '화가 난다'는 감정을 느끼는 동시에 '내가 화를 내고 있구나'라는 인식을 하는 것이다. 우리가 부정적인 감정을 느낄 때, 자칫 그 감정에 빠져 그렇게 느낀 원인조차 잊어버릴 때가 있다. 그런데 부정적인 감정을 빠르게 인지하면 그 감정에서 빠져나올 수 있는 방법도 금방 찾을 수 있게 된다. 실제 상황에 비해 필요 이상으로 더 부정적으로 생각한다는 걸 깨닫기도 하고, 부정적인 생각에 함몰되는 것이 아니라 다른 관점으로 바라보게 되기 때문이다.

한 연구에 따르면 우리가 평소에 하는 생각에 부정적인 생각들의 비중이 80%에 이른다고 한다. 그런데 걱정이나 근심, 두려움, 미움 같은 부정적인 감정은 결국 지나가는 하나의 감정일 뿐이다. 그것이 나 자신이라는 착각에서 벗어나야 한다. 감정과 일체화되지 않고 분리해 바라보는 것만으로도 스트레스가 줄어들고 마음에 평정심을 찾는 데 큰 도움이 된다. 결국 사람의 생각과 감정은 그 사람을 보여 주는 애티튜드로 드러나기 마련이다. 마치 피부 관리를 위해 생활 습관을 바꾸고, 다른 이미지를 만들기 위해 패션 스타일을 변화시키는 것처럼, 나의 행동과 말투 하나하나도 마인드의 변화를 통해 더 좋은 방향으로 이끌어 갈 수 있다고 생각한다. 작은 한 뼘의 변화가 모이면 어느덧 삶의 경로가 달라지고, 결국 우리가 되고 싶었던 워너비의 모습이 되어 있는 자신을 발견하게 될 것이다.

스타일링은 나를 더 사랑하는 방법

평생 패션을 가까이에 두고 살았던 만큼 나는 평소에도 늘 꾸미는 걸 좋아하는 사람이었는데, 아이를 낳고 육아를 하면서 한동안 나를 놓고 지냈던 시기가 있었다. 매일 하던 메이크업도 안 하고, 내가 원하는 스타일을 고수하느라 늘 풀고 다녔던 머리도 하나로 꽉 묶은 채 무조건 편한 옷만 찾았다. 그러던 어느 날, 결혼식이라도 갈 일이 생겨 아이를 낳기 전에 즐겨 입었던 옷을 걸치고 헤어, 메이크업까지 신경 써서 했는데 왠지 낯설고 이상했다. 내 모습이 전처럼 예뻐 보이지 않았다. 그렇게 꾸미고 가꾸는 게 일상이었는데, 아이를 낳고 나니 나를 돌보지 않은 시간이 길어지면서 알게 모르게 내가 조금씩 변해 가는 듯했다. 미용실에 가서 거울을 보면 관리하지 않은 피부와 머릿결이 고스란히 와 닿았다. 쇼핑을 하지 않으니까 어떤 옷이 예쁜지도 모르겠고, 내 몸이 어느새 변해 내 나이에 맞는 옷조차 입을 게 없지 않을까 걱정됐다. 내가 꼭 다른 사람 같고, 어딘가 초라하게 느껴졌다.

아마 내 또래의 많은 여성들이 나와 비슷한 경험을 하지 않았을까 싶다. 30대쯤에 육아를 하면서 가정과 아이에게 집중하다 보면, 몸매도 취향도 변하면서 40대에 어떤 옷을 입어야 할지 막막해진다. 일부러 신경을 써서 스타일링해 주지 않으면 어릴 때 입던 옷과 현재 구매한 옷이 뒤섞이면서 마치 나 자신의 정체성조차 애매해진 듯한 기분을 느끼게 된다.

사실 중년이라는 표현이 아름다운 청춘을 떠나보낸 듯한 막연한 두려움을 주기도 한다. 하지만 긴 삶의 주기 속에서 과거의 많은 시행착오를 바탕으로 자기 자신을 가장 잘 알 수 있는 시기고, 그래서 더 건강하고 아름다운 삶을 가꿀 수 있는 능력과 여유가 묻어나는 시기이기도 하다. 나는 마음을 다잡아 스스로를 돌보고 가꾸며 자신감을 되찾는 시간을 가졌다. 나만의 이미지를 찾고 적립해 두었던 시간이 있었기 때문에 금방 내게 맞는 옷을 찾을 수 있었다. 자신의 외양을 두고 긍정적으로 고민하고 성찰하는 것은 건강하고 활기찬 삶에 중요한 영향을 준다. 자신의 모습이 만족스럽고 행복해야 주변을 돌아보고 챙길 수 있는 여유가 생기는 법이다.

우리가 맞이하는 지금 이 순간은 삶에서 나 자신을 가장 잘 아는 순간이다. 그럼으로 가장 나다운 순간인지도 모른다. 가장 빛나는 이 순간을 맘껏 가꿔 주고, 사랑해 주자.

마흔 스타일링, 우아하고 세련되게

초판 1쇄 발행 2024년 10월 9일

지은이 서로빈
펴낸이 박영미
펴낸곳 포르체

책임편집 이경미
마케팅 정은주
디자인 황규성

출판신고 2020년 7월 20일 제2020-000103호
전화 02-6083-0128 | 팩스 02-6008-0126
이메일 porchetogo@gmail.com
포스트 https://m.post.naver.com/porche_book
인스타그램 www.instagram.com/porche_book

여러분의 소중한 원고를 보내주세요.
porchetogo@gmail.com